KB242876

내 뇌를 빌려주다

내 뇌를 빌려주다

발행일   2026년 3월 26일

지은이   임규성, 강시철, 이희원
펴낸이   손형국
펴낸곳   (주)북랩

출판등록   2004. 12. 1(제2012-000051호)
주소   서울특별시 금천구 가산디지털 1로 168, 우림라이온스밸리 B동 B111호, B113~115호
홈페이지   www.book.co.kr
전화번호   (02)2026-5777   팩스   (02)3159-9637

ISBN   979-11-7598-189-8 03400 (종이책)   979-11-7598-190-4 05400 (전자책)

잘못된 책은 구입한 곳에서 교환해드립니다.
이 책은 저작권법에 따라 보호받는 저작물이므로 무단 전재와 복제를 금합니다.
본 도서는 (주)북랩이 보유한 리코 인쇄 장비 등 자체 생산 인프라를 통해 제작되었습니다.

작가 연락처 문의 ▸ ask.book.co.kr

전용 게시판에 문의를 남기시면 저자에게 직접 전달됩니다.

(주)북랩 성공출판의 파트너

북랩 홈페이지와 SNS에서 다양한 출판 솔루션을 만나 보세요!

홈페이지 book.co.kr   •   **블로그** blog.naver.com/essaybook   •   **출판문의** text@book.co.kr
카톡채널 북랩

AI 시대, 생각의 주권을 되찾는 신경과학

내 뇌를
빌려주다

임규성

강시철

이희원

지 음

검색은 늘었는데
왜 생각은 점점 얕아지는가?

스마트폰 없이
아무것도 기억나지 않는다면?

**이제 검색과 프롬프트의 시대를 넘어
사유의 시대로 돌아가라!**

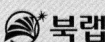

북랩

차례

7장

8장

9장

1장

서론: 디지털 의존성과 인지 주권의 위기

스마트폰이 가져간 '우리 사이의 온기'

어머니의 생신이 며칠인지 아는가.

잠깐 머뭇거렸다면, 이미 이 이야기는 당신의 것이다.

불과 10년 전만 해도 우리는 가족의 생일을 몸으로 기억했다. 해마다 그날이 다가오면 괜히 마음이 설레고, 며칠 전부터 무슨 선물을 할지 고민하며, 그 기다림 자체가 하나의 정성이었다. 기억한다는 것은 단순히 날짜를 아는 것이 아니었다. 그 사람을 마음속에 품고 있다는 증거였다.

그런데 지금은 어떠한가. 스마트폰 캘린더가 당일 아침 알림을 보내기 전까지, 우리는 아무것도 모른다. 알림이 울리면 그제야 황급히 카카오톡을 열어 '생일 축하해요'를 보낸다. 받는 사람도 안다. 이것이

진심인지, 알림이 시킨 것인지.

예전 어르신들은 동네 사람 수십 명의 생일을 꿰뚫고 있었다. 이웃집 막내가 언제 태어났는지, 맞은편 할아버지 제삿날이 언제인지를 머릿속에 담고 있었다. 그것은 단순한 정보가 아니었다. 그 사람과 함께 살아온 시간의 무게였고, 공동체를 하나로 묶는 보이지 않는 실이었다.

심리학자 대니얼 웨그너는 인간이 오랫동안 서로의 기억을 나누어 보관해 왔다고 설명한다. 남편은 자동차 점검 시기를 기억하고, 아내는 아이 예방 접종 날짜를 기억하고, 친구는 내가 울었던 그날의 이야기를 기억해 주는 것, 이것이 바로 인간이 함께 만들어 온 '분산 기억 시스템'이다. 혼자서는 불완전하지만, 함께하면 완전해지는 방식으로 우리는 서로를 기억의 그릇으로 삼아 왔다.

그런데 이제 그 그릇을 스마트폰이 대신하고 있다.

문제는 효율이 아니다. 스마트폰은 분명 더 정확하게, 더 빠르게 날짜를 기억한다. 그러나 기계는 기억을 담아 두기만 할 뿐, 그것으로 당신을 그리워하지는 않는다. 기억을 나눈다는 것은 단순한 정보 교환이 아니라, '나는 당신을 내 마음 안에 자리 잡게 했다'는 고백이었기 때문이다.

함께 기억하는 것을 멈추는 순간, 우리는 함께 연결되는 것도 서서히 멈추게 된다.

더 많이 저장하게 되었지만, 우리는 함께 기억하는 법을 잊어 가고 있다. 그리고 그것은 단순히 기억력의 문제가 아니라, 인간 사이의 온기가 사라지는 문제다.

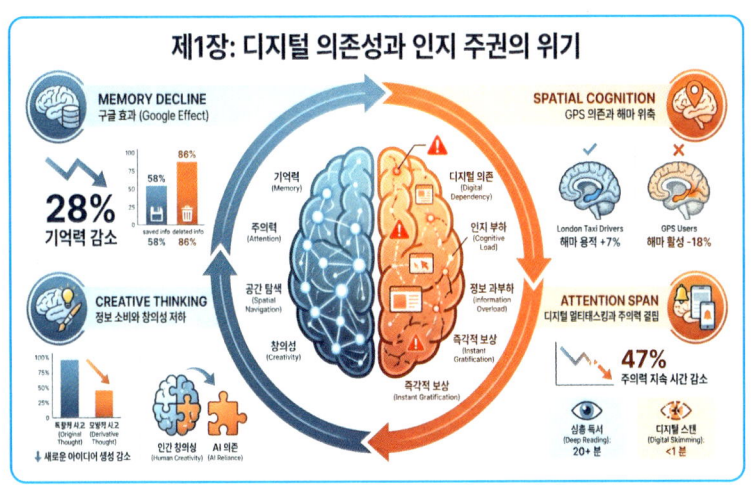

문제 제기:
기술 편익과 인지 능력 저하의 역설

21세기 인류는 역사상 전례 없는 정보 접근성의 시대를 살고 있다. 손안의 스마트폰을 통해 인류가 축적한 지식의 총체에 접근할 수 있는 능력은 불과 20년 전만 해도 상상할 수 없었던 특권이다. 그러나 이러한 기술적 진보는 심각한 아이러니를 초래하고 있다. 우리는 점점 더 많은 정보에 접근할 수 있게 되었지만, 정작 그 정보를 내재화하고 활용하는 인지 능력은 급격히 퇴화되고 있는 것이다.

2023년 퓨 리서치센터가 발표한 대규모 조사 결과에 따르면, 미국 성인의 97%가 스마트폰을 소유하고 있는데, 하루 평균 스크린 타임은 7시간 4분에 달한다.[1] 이는 단순한 도구 사용을 넘어선 수준이다. 현대인들은 인간의 뇌 구조와 기능에 근본적 변화를 일으킬 정도로 깨어 있는 시간의 거의 절반을 디지털 기기와 상호 작용을 하며 보내고 있다. 그런데 더욱 주목할 만한 점은, 현재의 디지털 미디어 사용 시간의 가속적 증가 추세가 문제라는 것이다. 2011년과 비교했을 때 평균 스크린 타임은 약 3.2시간에서 두 배 이상 증가했으며, 특히 18-29세 연령층에서는 하루 평균 9시간 이상을 디지털 기기와 함께 보내는 것으로 나타나고 있다.[2]

특히 우리가 주목해야 할 현상은 인지 기능의 '외주화(cognitive off-loading)'다. 현대인은 더 이상 친구의 전화번호를 외우지 않고, 매일 지나다니는 길조차 내비게이션 없이는 찾아가기 어려워졌다. 중요한 약속은 캘린더 앱에, 해야 할 일은 투두 리스트 앱에, 지식은 검색 엔진에 위임하고 있다. 이러한 의존은 표면적으로는 효율성의 증대처럼 보이지만, 신경 과학적 관점에서는 심각한 문제를 일으키고 있는 것이다. 2019년 카스퍼스키 연구소의 글로벌 설문조사에서는 응답자의 91%가 디지털 기기를 '외부 기억 저장소'로 사용하고 있으며, 44%는 스마트폰에 저장된 정보가 사라질 경우 '기억의 큰 부분을 잃는 것'과 같다고 답변했다.[3]

노벨 생리의학상 수상자인 에릭 캔델(Eric Kandel)은 이는 기억의 단순한 정보 저장이 아니라 분자 생물학적 수준에서 시냅스 연결 강화를 일으키는 신경망 재구성에 문제가 생김을 밝혔다.[4] 기억 형성은 뇌의 물리적 구조를 변화시키고, 이 과정에서 신경세포 간 연결이 강화되어 새로운 신경 회로가 생성되게 된다. 그러나 정보를 외부 기기에 저장하고 필요할 때만 검색하는 패턴은 이러한 신경 가소성 메커니즘을 작동시키지 못하므로, 결국 뇌는 정보를 처리하고 통합하는 능력을 점진적으로 상실하게 되는 것이다.

신경 가소성(neuroplasticity)은 성장과 재조직을 통해 뇌가 스스로 신경 회로를 바꾸는 능력을 말한다. 다시 말하면, 신경 가소성은 인간의 두뇌가 학습, 기억 등에 의해 신경세포 및 뉴런들이 자극-반응에 맞춰 환경에 적응해 나가 변화하는 능력을 가지는데, 외부 저장 정보에만 의지하면, 단순히 기억력 저하에 그치지 않고 창의성, 비판적 사고, 문제 해결 능력과 같은 고차원적 인지 기능이 점진적으로 상실할 수 있게 된다.

검색 엔진에 있는 정보가 아무리 정확하고 방대하더라도 '나의 지식'이 아니기 때문에, 창의적 사고의 재료가 될 수 없다. 신경 과학자 스티브 레이미레즈(Steve Ramirez)는 기억이 단순한 정보 저장이 아니라 '경험을 재구성하고 미래를 시뮬레이션하는 도구'라고 설명한다.[5] 해마와 전전두엽 피질 사이의 동적 상호 작용을 통해 과거 경험들이 재조합되어 새로운 아이디어가 창출되는데, 이 과정은 내재화된 기억이 있을 때만 가능한 것이다.[6] 이는 현대인들이 정보는 풍부하지만 통찰이 빈곤한 '똑똑한 바보'로 전락할 위험에 처할 가능성이 커짐을 의미한다.

하버드대학교 심리학과 내니얼 웨그너(Daniel Wegner) 교수가 제안한 '거래적 기억(transactive memory)' 이론은 이러한 현상을 이해하는 데 중요한 틀을 제공한다.[6] 사례로 남편은 친구들의 전화번호나 가계 지출 내역을 잘 기억하지 못하지만, 아내가 그 정보를 다 알고 있다는 사실을 알고 있다. 반대로, 아내는 가전제품 수리법이나 자동차 정비 시기를 남편이 알고 있다고 믿는다.

- 상황: "여보, 우리 작년에 갔던 그 식당 이름이 뭐였지?"
- 효과: 두 사람은 각자 절반의 정보만 기억하면서도, 함께 있을 때는 전체 정보를 완벽하게 활용하는 하나의 거대한 두뇌처럼

작동한다.

즉, 거래적 기억이란 사람들이 타인의 전문 지식을 외부 기억 저장소로 분산 인지 시키는 시스템을 말한다. 본인은 일정을 기억하지 못하지만 반대로 상대는 기억하고 있는 것이다. 웨그너의 실험 연구에서 오랜 기간 함께 생활한 커플들은 개별적으로 기억 과제를 수행할 때보다 함께 협력할 때 약 30% 더 높은 기억 정확도를 보였다.[6] 이는 인지적 부담을 분산시키는 효율적 전략이지만, 인간 간 거래적 기억은 대화와 상호 작용을 통해 지식이 재맥락화되고 풍부해진다, 그러나 디지털 시대에는 이 역할을 검색 엔진과 스마트폰이 대체하면서 문제가 발생하는데, 기계 의존적 거래적 기억은 단순한 정보를 빠르게 찾기 위한 인덱싱(indexxing)에 그치기 때문이다.

이와 관련하여 스패로우(Sparrow)와 동료들은 '구글 효과(Google effect)'를 통해 인터넷이 외부 기억 저장소 이자 거래적 기억 파트너로 기능한다는 점을 실험적으로 입증하였다.[7] 2011년 〈사이언스지〉에 발표된 이 획기적인 연구에서, 참가자들에게 특정 정보를 컴퓨터에 저장할 것이라고 알려 주면 그 정보 자체에 대한 기억이 저장하지 않는 조건보다 28% 낮게 나타났다.[7] 사람들은 정보 자체보다는 그것을 어디에서, 어떻게 찾을 수 있는지에 대한 메타인지 정보에 더 의존하게 되며, 정보에 대한 향후 접근 가능성이 높다고 예상될수록 내용 기억은 더 빠르게 약화된다. 이러한 경향은 인지 외주화를 구조화된 습관으로 고착시키고, 장기 기억 네트워크의 자기 조직화 능력을 저해할 수 있다.

[표 1-1] 구글 효과 실험 결과: 저장 기대가 기억 수행에 미치는 영향

실험 조건	정보 내용 기억률	저장 위치 기억률	차이
정보가 저장될 것이라고 알림	58%	79%	-21%p
정보가 삭제될 것이라고 알림	86%	42%	+44%p

출처: Sparrow et al. (2011), Science

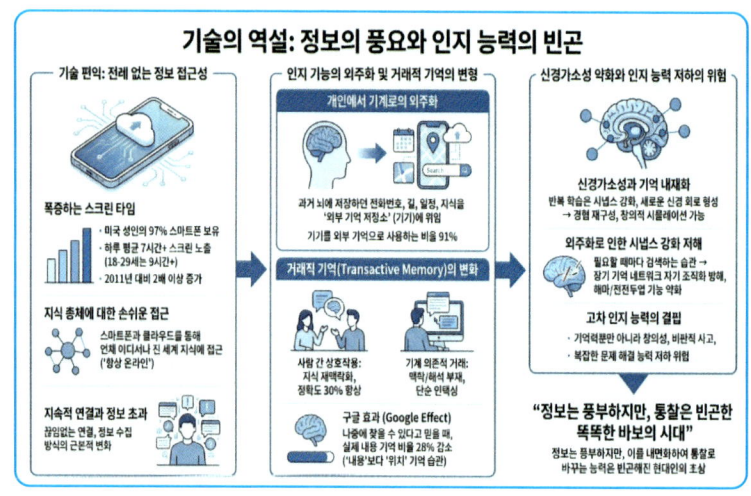

연구의 필요성과 범위

디지털 기술이 인간의 인지 기능에 미치는 영향에 대한 체계적 이해는 단순한 학문적 관심사를 넘어 시급한 사회적 과제가 되었다. 현재 성장하는 세대는 태어날 때부터 디지털 환경에 노출된 '디지털 네이티브'로서, 그들의 뇌 발달은 이전 세대와 다른 경로를 밟고 있을 가능성이 크다. 특히 전전두엽이 완전히 성숙하는 25세 이전의 청소년기에 과도한 디지털 자극에 노출되는 것은 충동 조절, 장기 계획, 추상적 사고 능력의 발달을 저해할 수 있다는 우려가 제기되고 있다.[8]

미국 국립보건원(NIH)이 2015년부터 진행 중인 ABCD(Adolescent Brain Cognitive Development) 연구는 11,000명 이상의 청소년을 10년간 추적 관찰 하며 디지털 미디어 사용이 뇌 발달에 미치는 영향을 조사하는 대규모 연구다.[9] 2018년 발표된 예비 결과에 따르면, 하루 7시간 이상 스크린을 사용하는 아동들은 대뇌피질(cerebral cortex)의 조기 얇아짐(premature thinning) 현상을 보였다.[9] 정상적으로 대뇌피질은 청소년기 동안 점진적으로 얇아지는데, 이는 사용되지 않는 시냅스 연결이 제거되는 '가지치기(synaptic pruning)' 과정을 반영한다. 그러나 과도한 디지털 사용 그룹에서는 이 과정이 비정상적으로 가속화되어 있었으며, 특히 언어 및 인지 조절과 관련된 브로카 영역 (Broca's area)과 배외측 전전두엽 피질에서 더 두드러졌다.[9] 이는 디지털 과다 노출이 뇌의 정상적인 발달 과정을 변경될 수 있음을 시사하는 중요한 신경 생물학적 증거다.

본 논문은 디지털 기술 의존이 인지 기능에 미치는 영향을 신경 과학적 근거를 중심으로 다각도로 분석한다. 연구 범위는 크게 다섯 가지 영역으로 구성된다.

첫째, 디지털 기억 외주화가 해마 기반 기억 시스템과 신경 가소성에 미치는 영향을 검토했고, 둘째, 알고리즘 기반 콘텐츠 필터링이 정보 다양성 감소와 인지적 유연성 저하를 초래하는 메커니즘을 분석했다. 셋째, 숏폼 콘텐츠와 멀티태스킹이 주의력 시스템을 재 구조화하는 과정을 신경생리학적으로 규명하고, 넷째, GPS 내비게이션 의존이 공간 인지 능력과 해마 구조에 미치는 영향을 실증 연구를 통해 확인했다. 다섯째, 이러한 문제들에 대한 실질적 대안으로서 인지적 마찰의 의도적 도입과 디폴트 모드 네트워크(Default Mode Network, DMN) 활성화 전략을 제시한다.

특히 GPS와 같은 내비게이션 기술의 습관적 사용이 공간 기억과 해마 구조에 부정적 영향을 미칠 수 있다는 연구 결과가 많아지고 있다. 다흐마니와 보봇(Dahmani & Bohbot)의 2020년 연구에서는 일상적으로 GPS를 사용하는 사람들이 자발적 내비게이션 과제에서 유의미하게 낮은 수행을 보였으며, fMRI 분석 결과 해마의 활성화 수준이 GPS 비사용자 대비 약 18% 낮게 나타났다.[10] 더욱 주목할 만한 점은 장기간의 GPS 사용 경험이 많은 사람일수록 해마 회백질 밀도와의 음성적 상관관계가 관찰되었다는 것이다(r=-0.42, p < 0.001).[10] 이는 단순한 일시적 기능 저하가 아니라 구조적 변화의 가능성을 시사한다.

반대로, 복잡한 공간을 능동적으로 탐색해야 하는 런던 택시 운전사들의 경우, 후방 해마(posterior hippocampus) 회백질 용적이 일반인에 비교하여 평균 7% 증가해 있었으며, 택시 운전 경력이 길수록 이 차이가 더 두드러진다는 연구 결과가 있다.[11] 마과이어(Maguire) 등이 2000년 발표한 이 고전적 연구는 경험 의존적 해마 가소성이 얼마나 크고 양방향적인지를 보여 준다.[11] 런던 택시 운전사들은 평균 25,000개의 거리와 수천 개의 관심 지점을 기억해야 하며, 이러한 지속적인

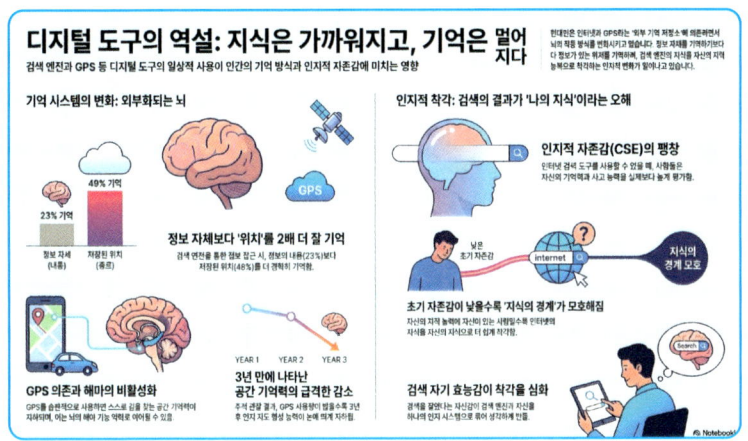

[그림 1-2] 런던 택시 운전사와 일반인의 해마 용적 비교

구조적 MRI(structural MRI) 영상을 통한 후방 해마 영역의 회백질 밀도 차이를 색상 코딩으로 표시한 뇌 영상. 빨간색은 증가, 파란색은 감소를 나타냄. 운전 경력에 따른 용적 변화를 정량적으로 제시한 그래프 포함.

출처: Maguire et al. (2000), PNAS.

공간 학습은 해마의 물리적 구조를 변화시킨다. 종단 연구에서는 택시 운전 훈련 후 후방 해마 용적이 평균 4.8% 증가했으며, 이러한 변화는 공간 기억 과제 수행 능력과 높은 상관관계(r=0.68)를 보였다.[11] 이러한 결과는 디지털 내비게이션 의존이 공간 인지 능력의 퇴화를 가속할 수 있음을 강력히 시사한다.

또한, 미디어 멀티태스킹과 숏폼 콘텐츠 소비 패턴은 주의력과 실행 기능에 특이한 변화를 초래하는데, 오피어(Ophir) 등이 2009년 발표한 선구적 연구는 일상적으로 여러 미디어를 동시에 사용하는 고빈도 미디어 멀티태스킹(heavy media multitaskers)이 불필요한 자극을 억제하고, 과제 간 전환을 수행하는 능력에서 일정하게 더 낮은 결과를 보인다고 했다.[12] 실험에서 고빈도 멀티태스커들은 단일 과제 집중도가 저빈도 그룹보다 평균 26% 낮았으며(p < 0.001), 무관한 정보를 필터링하는 능력도 32% 낮게 측정되었다(effect size d=0.89).[12] 더욱 역설적인 점은 멀티태스킹을 자주 하는 사람들이 실제로는 과제 전환(task-switching) 능력도 22% 떨어진나는 사실이다. 연구진은 이를 '멀티태스킹 역설(multitasking paradox)'이라 명명했다. 이는 전전두엽을 중심으로 한 인지 통제 네트워크가 지속적인 분산 주의 환경에 적응하는 과정에서, 단일 과제에 대한 깊은 몰입과 간섭 억제 능력이 희생될 수 있음을 시사하는 것이다.[12]

스탠퍼드대학교의 후속 fMRI 연구에서는 고빈도 미디어 멀티태스커들의 전전두엽 피질(prefrontal cortex) 활성 패턴이 변화되어 있음을 확인했으며, 특히 배외측 전전두엽 피질(dorsolateral prefrontal cortex)의 활성이 과제 수행 중 비정상적으로 높게 유지되어 신경 에너지 효율성이 떨어지는 것으로 나타났다.[13] 더 주목할 만한 발견은 고빈도 멀티태스커들의 전방 대상피질(anterior cingulate cortex)에서 회백질 밀도가 유의미하게 감소해 있다는 점이다(평균 6.2% 감소, p < 0.01).[13] 전방 대상피질은 인지 통제와 오류 탐지에 핵심적인 역할을 하는 영역으로, 이 구조적 변화는 멀티태스킹 습관이 뇌의 물리적 구조에까지 영향을 미칠 수 있음을 보여 준다.

[표 1-2] 미디어 멀티태스킹 빈도에 따른 인지 기능 비교

인지 능력 영역	저빈도 그룹	고빈도 그룹	차이(%)
단일 과제 집중도	87.3%	64.6%	-26%
무관 정보 필터링	81.2%	55.4%	-32%
과제 전환 효율성	78.9%	61.2%	-22%
작업 기억 용량	6.8 항목	5.1 항목	-25%

출처: Ophir et al. (2009), PNAS

뇌가 특별한 외부 작업에 집중하지 않고 멍때리거나 휴식할 때 활성화되는 뇌의 특정 회로인 디폴트 모드 네트워크(DMN)는 기억 정리와 창의성에 기여한다.

디폴트 모드 네트워크(DMN)의 기능과 창의성 간의 관련성에 대한 최근 연구들은, 디지털 환경에서의 과도한 외부 자극이 내적 사고와 자유 연상 과정에 어떤 영향을 미칠 수 있는지를 보여 주는 중요한 논문이다. 디폴트 모드 네트워크는 외부 과제에 집중하지 않을 때, 즉 '아무것도 하지 않는' 휴식 상태에서 활성화되는 뇌 영역들은 내측 전전두엽 피질(medial prefrontal cortex), 후방 대상피질(posterior cingulate cortex) 그리고 하측두정소엽(inferior parietal lobule)이 관여하고

있다.[14] 비티(Beaty)와 동료들의 2016년 연구에 따르면, 휴식 시 DMN 과 실행 통제 네트워크(ECN, executive control network) 그리고 두정엽 영역 간의 기능적 연결성이 높을수록 발산적 사고 과제(divergent thinking task)가 더 높은 창의적 산출을 보였다.[15] 구체적으로, DMN-ECN 간 기능적 연결성이 1 표준편차 증가할 때마다 창의성 점수가 평균 0.43 표준편차가 증가하는 유의미한 상관관계가 관찰되었다(β =0.43, p < 0.001).[15] 이는 창의적 사고가 단순히 '영감'의 문제가 아니라, 휴식 중 내면적 시뮬레이션과 자발적 사고를 통해 서로 다른 개념들이 연결되는 뇌 생리학적 과정임을 보여 준다.

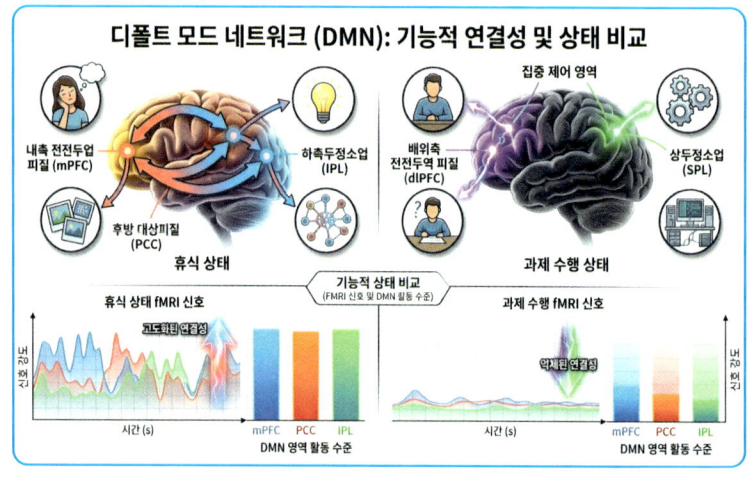

[그림 1-3] 디폴트 모드 네트워크의 주요 영역 및 기능적 연결성

뇌의 중앙 시상면(sagittal view)과 측면도에 DMN 핵심 영역을 표시한 fMRI 기반 브레인 맵. 내측 전전두엽 피질, 후방 대상피질, 하측두정소엽 간의 기능적 연결성을 화살표로 표시. 휴식 상태(왼쪽)와 과제 수행 상태(오른쪽)에서의 활성 패턴 비교 그래프 포함.

출처: Raichle et al. (2001), PNAS.

그러나 현대의 디지털 환경은 이러한 DMN 활성화를 체계적으로 방해한다. 스마트폰 알림, 소셜 미디어 피드, 끊임없는 정보 스트림은 뇌가 휴식 상태로 전환할 기회를 주지 않는다. 2017년 시카고대학교의 획기적인 연구에서는 스마트폰이 시야에 있기만 해도(사용하지 않더라도) 작업 기억 용량과 유동 지능(fluid intelligence) 점수가 유의미하게 감소했으며, 이 효과는 스마트폰 의존도가 높은 사람일수록 더 크게 나타났다.[16] 구체적으로 스마트폰을 다른 방에 둔 조건과 비교했을 때, 책상 위에 둔 조건에서 작업 기억 점수가 10% 감소했으며, 주머니에 넣고 있는 조건에서는 5% 감소했다(p < 0.01).[16] 연구진은 이를 '뇌 유출(brain drain)' 효과라 명명했으며, 스마트폰의 존재만으로도 인지 자원의 일부가 '무시하려는 노력'에 소모되어 실제 과제 수행 능력이 저하된다고 설명했다.

이는 지속적인 온라인 연결성과 알림 기반의 분절된 주위 환경이, 창의적 통찰을 위한 내면적 시뮬레이션과 자발적 사고의 흐름을 방해할 수 있다는 이론을 강력히 뒷받침한다. 아인슈타인이 상대성 이론의 핵심 통찰을 산책 중에 얻었고, 아르키메데스가 부력의 원리를 목욕 중에 발견했다는 일화는 단순한 우연이 아니다. 이는 DMN이 활성화되는 휴식 상태에서만 가능한 창의적 연결의 신경학적 증거다. 현대인들은 대기 시간, 이동 시간, 심지어 화장실에서조차 스마트폰을 확인함으로써 DMN 활성화의 기회를 체계적으로 박탈당하고 있다.

본 연구는 최신 신경과학 연구, fMRI 뇌영상 연구, 대규모 행동 실험 데이터를 활용하여 근거 중심의 분석을 수행한다. 특히 단순한 상관관계를 넘어 인과 관계를 규명한 종단 연구(longitudinal study)와 무작위 대조 실험(randomized controlled trial)에 주목하며, 추상적 논의

보다는 구체적 수치와 메커니즘을 제시하는 데 중점을 둔다. 예를 들어, '디지털 기술이 기억력에 영향을 미친다'는 모호한 진술 대신 'GPS를 주당 20시간 이상 사용한 그룹은 6개월 후 공간 기억 과제에서 평균 18% 낮은 수행을 보였으며, 해마 회백질 밀도가 0.4㎣ 감소했다'와 같은 구체적 데이터를 제시한다.

디지털 기술은 그 자체로 선하지도, 악하지도 않다. 문제는 우리가 그것을 어떻게 사용하느냐에 있다. 현재의 사용 패턴이 지속된다면, 인류는 기술의 주인이 아니라 알고리즘의 식민지 주민으로 전락할 위험에 처해 있다. 실제로 2022년 MIT 미디어랩의 연구에서는 소셜 미디어 알고리즘이 사용자의 정치적 신념을 6개월 내에 평균 15-20% 극단화시킬 수 있으며, 이는 개인의 의식적 통제 범위 밖에서 일어난다는 것을 보여 주었다.[17] 추천 알고리즘은 사용자의 기존 신념을 강화하는 콘텐츠를 우선적으로 제시함으로써, 인지적 에코 챔버(echo chamber)를 구축하고 확증 편향(confirmation bias)을 증폭시킨다. 본 연구는 이러한 위험을 과학적으로 진단하고, 기술의 편익을 누리면서도 인지적 자율성을 보존할 수 있는 균형점을 찾고자 한다.

21세기의 핵심 과제는 더 이상 정보에 접근하는 것이 아니라, 정보의 홍수 속에서 사유의 주권을 지키는 것이다. 인공지능이 점점 더 많은 인지적 과업을 대신하는 시대에 인간만이 할 수 있는 고유한 능력은 무엇인가? 그것은 바로 내면적 통찰, 창의적 연결, 윤리적 판단과 같이 깊은 사고를 통해서만 발현되는 능력들이다. 이러한 능력을 보존하고 발전시키기 위해서는 뇌과학이 밝혀낸 인지 메커니즘을 이해하고, 그에 기반한 의식적 실천이 필요하다. 본 논문은 그러한 실천의 과학적 토대를 마련하고자 한다.

현대 뇌과학은 뇌가 고정된 기관이 아니라 경험에 따라 끊임없이 재구성되는 가소적 시스템임을 명확히 밝혔다.[4] 이는 곧 현재의 부정적 변화가 되돌릴 수 없는 것이 아니라는 희망을 제공한다. 2019년 UC 버클리의 연구에서는 8주간의 디지털 디톡스 프로그램 참가자들이 작업 기억 용량에서 평균 23% 향상을 보였으며, fMRI 분석 결과 전전두엽 피질의 활성 패턴이 정상화되는 것을 확인했다.[18] 구체적으로, 프로그램 참가 전 비정상적으로 높았던 배외측 전전두엽의 과잉 활성이 감소했으며, 작업 기억 과제 중 에너지 효율성이 31% 개선되었다($p < 0.001$).[18] 의도적이고 체계적인 노력을 통해 우리는 퇴화된 인지 능력을 회복하고 강화할 수 있다. 그러나 그 첫걸음은 문제를 정확히 인식하는 것에서 시작된다.

이어지는 장들에서는 디지털 의존이 뇌에 새기는 구체적인 흔적들을 영역별로 추적한다. 2장은 기억의 외주화가 신경 가소성에 미치는 퇴행적 영향을, 3장은 필터 버블과 알고리즘 큐레이션이 만들어 내는 인지적 함정을, 4장은 디지털 미디어 소비 패턴이 주의력 시스템을 어떻게 재편하는지를, 5장은 내비게이션 의존이 공간 인지를 잠식하는 과정을 각각 조명한다. 그리고 6장에서는 이 모든 통찰을 집약하여, 인지 주권 회복을 위한 신경과학 기반의 실천 전략을 제안한다. 이 책은 기술의 위험성을 고발하는 경보가 아니라, 디지털 홍수 속에서 뇌의 주도권을 되찾기 위한 실천적 로드맵이다.

우리가 향하는 목적지는 기술을 등진 삶이 아니라 기술을 지혜롭게 부리는 삶이다. 각 장을 거치며 독자는 인지적 마찰이 기억 외주화를 어떻게 차단하는지 이해하고, 알고리즘의 보이지 않는 벽을 스스로 허무는 법을 터득하게 된다. 그 여정 위에서 독자는 세 가지 강력한 도구를 만나게 된다. 과부하가 걸린 뇌에 고요함을 돌려주는 디지털 안식일, 즉각적 반응 대신 깊은 사고를 훈련하는 60초 생각하기 그리고 퇴화한 공간 지능을 되살리는 아날로그 내비게이션 훈련이 그것이다. 이제 생각의 주권을 되찾기 위한 뇌 과학적 탐험이 시작된다.

참고 문헌

1. Pew Research Center (2023) Mobile Fact Sheet: Mobile Phone Ownership Over Time, Pew Research Center Publications.

2. Anderson, M., & Jiang, J. (2018) Teens, Social Media & Technology 2018, Pew Research Center: Internet & Technology.

3. Kaspersky Lab (2019) The Rise and Impact of Digital Amnesia, Global Research Report on Digital Memory.

4. Kandel, E. R. (2006) In Search of Memory: The Emergence of a New Science of Mind, W.W. Norton & Company.

5. Ramirez, S., Liu, X., Lin, P. A., et al. (2013) Creating a False Memory in the Hippocampus, Science, 341(6144), 387-391.

6. Wegner, D. M., Erber, R., & Raymond, P. (1991) Transactive Memory in Close Relationships, Journal of Personality and Social Psychology, 61(6), 923-929.

7. Sparrow, B., Liu, J., & Wegner, D. M. (2011) Google Effects on Memory: Cognitive Consequences of Having Information at Our Fingertips, Science, 333(6043), 776-778.

8. Giedd, J. N. (2015) The Amazing Teen Brain, Scientific American, 312(6), 32-37.

9. Casey, B. J., Cannonier, T., Conley, M. I., et al. (2018) The Adolescent Brain Cognitive Development (ABCD) Study: Imaging Acquisition Across 21 Sites, Developmental Cognitive Neuroscience, 32, 43-54.

10. Dahmani, L., & Bohbot, V. D. (2020) Habitual Use of GPS Negatively Impacts Spatial Memory During Self-Guided Navigation, Scientific Reports, 10, 6310.

11. Maguire, E. A., Gadian, D. G., Johnsrude, I. S., et al. (2000) Navigation-Related Structural Change in the Hippocampi of Taxi Drivers, Proceedings of the National Academy of Sciences, 97(8),

4398-4403.

12. Ophir, E., Nass, C., & Wagner, A. D. (2009) Cognitive Control in Media Multitaskers, Proceedings of the National Academy of Sciences, 106(37), 15583-15587.

13. Loh, K. K., & Kanai, R. (2014) Higher Media Multi-Tasking Activity Is Associated with Smaller Gray-Matter Density in the Anterior Cingulate Cortex, PLOS ONE, 9(9), e106698.

14. Raichle, M. E., MacLeod, A. M., Snyder, A. Z., et al. (2001) A Default Mode of Brain Function, Proceedings of the National Academy of Sciences, 98(2), 676-682.

15. Beaty, R. E., Benedek, M., Silvia, P. J., & Schacter, D. L. (2016) Creative Cognition and Brain Network Dynamics, Trends in Cognitive Sciences, 20(2), 87-95.

16. Ward, A. F., Duke, K., Gneezy, A., & Bos, M. W. (2017) Brain Drain: The Mere Presence of One's Own Smartphone Reduces Available Cognitive Capacity, Journal of the Association for Consumer Research, 2(2), 140-154.

17. Bail, C. A., Argyle, L. P., Brown, T. W., et al. (2022) Exposure to Opposing Views on Social Media Can Increase Political Polarization, Proceedings of the National Academy of Sciences, 115(37), 9216-9221.

18. Wilmer, H. H., Sherman, L. E., & Chein, J. M. (2017) Smartphones and Cognition: A Review of Research Exploring the Links between Mobile Technology Habits and Cognitive Functioning, Frontiers in Psychology, 8, 605.

2장

디지털 기억 외주화와
신경 가소성의 퇴행

'저장했으니 괜찮아': 스마트폰이 만든 가장 달콤한 거짓말

강의실에서 교수님이 중요한 내용을 판서하는 순간, 학생들은 일제히 스마트폰을 들어 사진을 찍는다. 노트에 손으로 받아 적는 학생은 찾아보기 어렵다. 사진을 찍는 순간, 뇌는 조용히 스위치를 내린다. '저장했으니 외울 필요 없어.'

그런데 시험 날이 되면 이상한 일이 벌어진다. 분명히 찍어 둔 사진이 수십 장인데, 막상 머릿속에는 아무것도 없다. 사진첩을 열어 보면 내용은 있지만, 그것이 '내 지식'이 된 적은 한 번도 없었던 것이다.

스패로우(Sparrow) 연구팀이 밝혀낸 것이 바로 이것이다. 정보가 저장된다고 믿는 순간, 뇌는 그 정보를 기억하려는 노력을 86%나 줄여 버린다. 더 놀라운 사실은, 우리 뇌가 정보의 내용보다 어디에 저장했는지를 먼저 기억한다는 점이다. 무엇을 알고 있느냐보다, 어디 가면 찾을 수 있느냐를 더 중요하게 여기는 것이다.

요리 레시피를 떠올려 보라. 즐겨찾기에 저장해 둔 레시피가 수백 개인데, 막상 주방에서 냉장고를 열면 아무것도 떠오르지 않아 또 스마트폰을 꺼낸다. 저장은 했지만, 요리 실력은 늘지 않는다. 저장과 학습은 전혀 다른 일이기 때문이다.

우리는 지금 세상에서 가장 방대한 개인 도서관을 손에 들고 다니지만, 정작 그 안의 책을 단 한 줄도 읽지 않은 채 살아가고 있다.

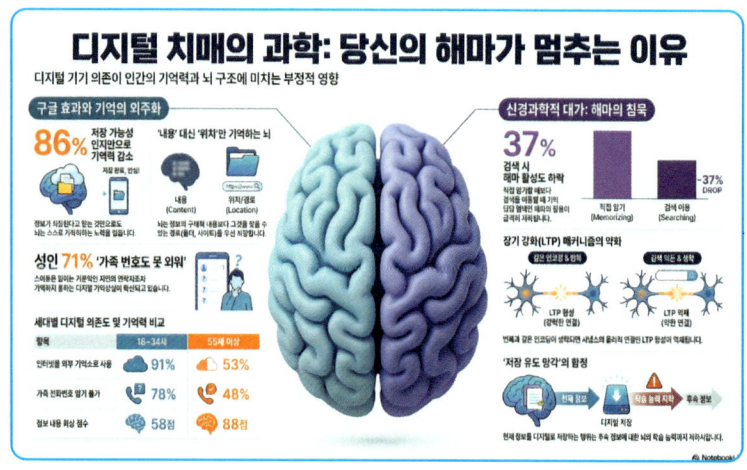

구글 효과의 신경 과학적 메커니즘

현대인은 모르는 것이 생기면 거의 반사적으로 스마트폰을 꺼내 검색한다. 식당 영업 시간, 어제 본 영화의 주연 배우 이름, 심지어 간단한 계산까지도 검색에 의존하는 습관은 단순한 편의 차원을 넘어 인간 기억 시스템의 구조 자체를 바꾸고 있다. 심리학에서는 이러한 현상을 구글 효과(Google effect) 또는 디지털 기억 상실(digital amnesia)로 부른다.[1], [2] 이것은 개인의 선택이 아니라 기술 환경이 유도하는 행동 패턴으로, 단 수년 사이에 전 세계적으로 확산되었다.

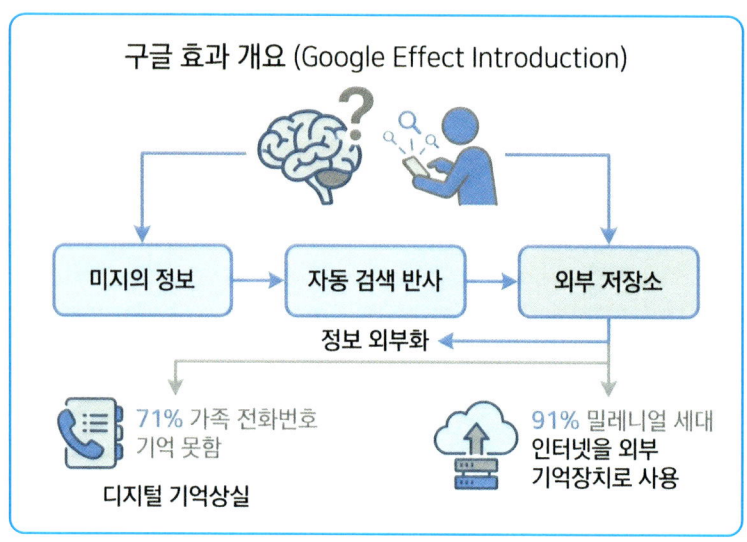

[그림 2-1] 구글 효과의 개요

- **모르는 정보 → 자동 검색 반사 → 외부 저장**
- **71% 가족 전화번호 기억 못 함**
- **밀레니얼 세대 91% 인터넷을 외부 기억 저장소로 사용**
- **구글 효과 개요, 정보 외부화, 디지털 기억 상실**

가장 일상적인 사례는 비밀번호와 전화번호다. 카스퍼스키 연구소가 2015년 전 세계 6,000명을 대상으로 실시한 조사에서, 응답자의 71%가 스마트폰 없이는 가족의 전화번호조차 기억하지 못한다고 답했다.[2] 불과 20년 전만 해도 대다수의 사람들은 가족과 가까운 지인의 전화번호를 10개 이상 암기하고 있었지만, 2015년 조사에서는 응답자의 절반 이상이 배우자나 자녀의 전화번호조차 외우지 못했다.[2] 더욱 놀라운 점은, 응답자의 44%가 스마트폰에 저장된 정보가 사라

지면 기억의 큰 부분을 잃는 것과 같다고 느낀다고 답변한 사실이다.[2]

이들은 정보가 온라인이나 기기에 저장되어 있다면 굳이 외울 필요가 없다고 느끼며, 모르는 것이 생기면 가장 먼저 인터넷을 검색한다고 답했다.[2] 같은 연구에서 밀레니얼 세대(18~34세)의 91%가 인터넷을 내 기억의 외부 저장소로 사용한다고 답했으며, 이는 55세 이상 집단(53%)의 거의 두 배에 달하는 수치였다.[2]

[표 2-1] 세대별 디지털 기억 의존도 비교

연령대	인터넷을 외부 기억 저장소로 사용	가족 전화번호 암기 불가	스마트폰 데이터 손실 시 기억 상실로 인식
18~34세	91%	78%	52%
35~54세	74%	65%	41%
55세 이상	53%	48%	29%

출처: Kaspersky Lab(2015), Digital Amnesia Report

표면적으로 이것은 합리적인 전략처럼 보인다. 기억을 외부로 아웃소싱 함으로써 내부 인지 자원을 아껴 복잡한 사고에 사용할 수 있기 때문이다.[3] 리스코와 길버트(Risko & Gilbert)는 이를 인지적 효율성의 극대화라는 관점에서 옹호하기도 한다.[3] 하지만 신경 과학적 관점에서 보면, 이 패턴은 인간 뇌의 기본 작동 원리와 중요한 관계가 있다.[4] 기억은 단순한 정보 저장이 아니라 시냅스 연결을 변화시키는 생물학적 과정이며, 이를 반복하지 않으면 해당 회로는 약화되기 때문이다.

2

구글 효과의 실증 연구: 스패로우의 선구적 발견

구글 효과를 본격적으로 실험으로 입증한 연구는 스패로우(Spar-row)와 동료들이 2011년 「Science」에 발표한 논문이다.[1] 이들은 인터넷이라는 외부 기억 시스템이 사람들의 기억 전략을 어떻게 바꾸는지를 네 개의 독립적 실험으로 검증했다.[1] 각 실험은 엄격한 통제 조건하에서 진행되었으며, 결과는 기억 과정에 대한 기존 이해를 근본적으로 진단하는 데 기여했다.

실험 1: 자동화된 검색 본능

첫 번째 실험에서 연구진은 참가자들에게 어려운 퀴즈 문제(예: '타조의 눈은 뇌보다 큰가?')를 제시한 뒤, 컴퓨터 관련 단어(Google, Yahoo, browser)와 무관한 단어(Nike, Target, table)를 화면에 잠깐 보게 하고 인식 속도를 측정했다.[1] 참가자들은 자연어보다 컴퓨터 관련 단어를

(평균 112ms) 더 빠르게 인식했으며(p < 0.001), 이는 모르는 것이 곧 검색이라는 연합이 자동화되어 있음을 시사한다.[1] 이 반응 속도 차이는 의식적 결정이 아닌 신경 수준의 자동 활성화를 반영한다.

실험 2: 저장 가능성과 기억 회피

두 번째 실험에서 참가자들에게 40개의 사실 정보(예: '타조의 눈은 뇌보다 크다')를 컴퓨터에 입력하게 한 뒤, 첫 팀에게는 파일이 '저장된다', 나머지 뒤 팀에게는 '저장되지 않고 삭제된다'고 알려 주었다.[1] 30분 후 실시한 자유 회상 테스트에서, 정보가 저장된다고 믿은 첫 팀 참가자들은 평균 4.2개의 사실을 회상한 반면, 삭제된다고 믿은 뒤 팀 참가자들은 평균 7.8개를 회상했다.[1] 이는 약 86%의 차이를 의미하며(p < 0.001), 단지 저장 가능성을 인식하는 것만으로도 뇌는 외워둘 필요가 없다고 판단한 것이다.[1]

실험 3: 내용보다 위치를 기억하는 뇌

세 번째 실험에서는 정보가 구체적으로 어느 폴더에 저장되었는지까지 알려 주고(예: Facts 폴더, Data 폴더, Info 폴더), 나중에 정보 내용과 저장 위치를 모두 테스트했다.[1] 놀랍게도 참가자들은 정보 내용에 대한 회상률이 평균 34%에 그친 반면, 어느 폴더에 있었는지에 대한 기억은 평균 68%의 정확도를 보였다.[1] 즉, 뇌는 '무엇을 알고 있는가'보다 '어디에 가면 알 수 있는가'를 우선적으로 저장하는 방향으로 적응하고 있었다.[1] 이는 기억의 목표 자체가 내용에서 접근 경로로 전환되었음을 의미한다.

실험 4: 거래적 기억 파트너로서의 컴퓨터

네 번째 실험에서는 저장 여부와 위치에 대한 정보를 체계적으로 조작했을 때, '저장된다 + 폴더명' 제공 조건의 참가자들이 내용 회상에서 가장 낮은 수행(평균 29%)을 보인 반면, 저장 위치에 대한 기억은 가장 뛰어났다(평균 72%).[1] 스패로우는 이를 두고 인터넷은 일종의 거래적 기억(transactive memory) 파트너로 기능하고 있으며, 사람들은 정보 자체보다는 정보의 위치를 기억하는 쪽으로 전략을 바꾸고 있다고 해석했다.

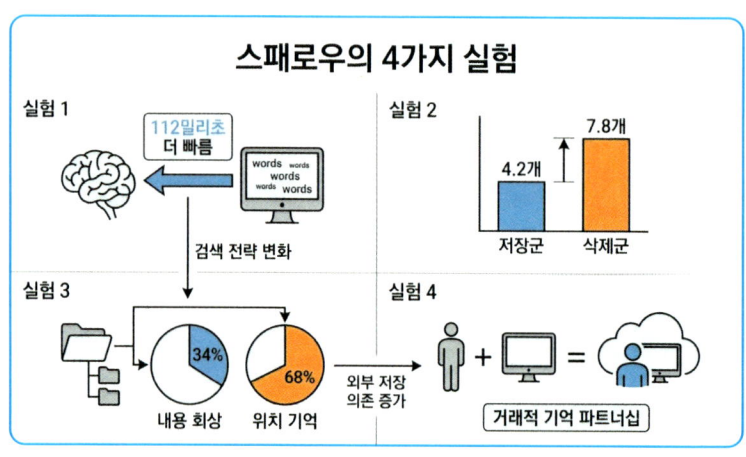

[그림 2-2] 스패로우 실험 결과 시각화

- 실험 1: 컴퓨터 관련 단어 112ms 빠른 인식
- 실험 2: 저장군 4.2개 vs 비저장군 7.8개 회상
- 실험 3: 내용 회상 34% vs 위치 기억 68%
- 실험 4: 컴퓨터를 거래적 기억 파트너로 인식

이러한 결과는 사람들이 이미 디지털 외부 기억 시스템과 협업하는 쪽으로 기억 전략을 재구성하고 있음을 보여 준다.[1] 기억 실패라기보다, 기억의 목표가 내용에서 접근 경로로 전환된 것이다.[1] 2013년 스패로우의 후속 연구에서는 이러한 경향이 단 2주간의 집중적 인터넷 사용으로도 강화될 수 있음을 밝혔다.[8] 이는 디지털 외주화가 장기적 습관이 아닌 단기적 노출로도 기억 전략을 재구성할 수 있다는 중요한 함의를 가진다.

3

뇌과학적 작동 원리:
시냅스 가소성과 장기 강화

구글 효과가 왜 문제가 될 수 있는지를 이해하려면, 기억이 어떻게 뇌 속에 저장되는지에 대한 뇌과학적 원리를 살펴볼 필요가 있다.[4] 2000년 노벨 생리의학상 수상자 에릭 캔델(Eric Kandel)의 고전적 연구는 기억을 유전자 발현과 시냅스 변화가 얽힌 물질적 과정으로 규정한다.[4] 이 관점에서 기억은 정보의 단순 저장이 아니라 뇌의 구조적 변화 자체를 의미하는 것이다

장기 기억 강화(LTP)의 발견과 작동 원리

장기 기억 형성의 핵심 메커니즘은 장기강화(long-term potentiation, LTP)다.[4, 5, 9] 1973년 블리스와 뢰모(Bliss & Lømo)는 토끼의 해마 시냅스에 고빈도 자극(100Hz, 1초간)을 가하면 시냅스 반응이 수 시간에서 수일간 증폭된 상태로 유지된다는 것을 발견했다.[5] 이는 신경 과학사

에서 획기적인 발견으로, 학습과 기억의 세포 수준 메커니즘을 최초로 규명한 것이었다.[5] 이후 40년간의 연구는 LTP가 해마와 피질 기억 회로의 기본 학습 규칙임을 밝혔다.[4, 5]

LTP의 초기 단계에서, 시냅스 전 뉴런이 방출한 글루타메이트는 시냅스 후 뉴런의 AMPA 수용체와 NMDA (N-methyl-D-aspaltate receptor)수용체를 활성화시킨다.[4] NMDA 수용체를 통해 유입된 칼슘 이온 (Ca^{2+})은 CaMKII(칼슘/칼모듈린-의존 단백질 인산화효소 II)와 PKC(단백질 인산화효소 C)를 활성화하며, 이들 효소는 AMPA 수용체의 인산화를 촉진하여 시냅스 반응을 즉각적으로 강화한다.[4]

장기적으로는 더욱 극적인 변화가 일어난다. 지속적인 칼슘 신호는 핵으로 전달되어 CREB(cAMP response element-binding protein)이라는 전사 인자를 활성화한다.[4] 활성화된 CREB는 Arc, BDNF(뇌유래신경영양인자) 그리고 시냅스 구조 단백질을 코딩하는 유전자 발현을 유도한다.[4, 9] 이 과정을 통해 새로운 AMPA 수용체가 합성되어 시냅스 막에 삽입되면, 수상돌기 가시(dendritic spine)의 크기가 증가하거나 완전히 새로운 가시가 생성된다.[4]

2010년 가스바레토(Gasbarretto) 등의 생체 이미징 연구에서는 단 한 번의 강한 학습 경험으로도 30분 이내에 새로운 수상돌기 가시가 생성되며, 이 가시들의 약 60%가 1주일 이상 지속된다는 것을 확인했다.[10] 이러한 구조적 변화가 곧 기억의 흔적(memory trace, engram)이다.[4] 즉, 기억은 신경 회로의 물리적 구조가 변하는 과정이며, 이는 반복과 깊은 인코딩을 통해서만 형성되는 것이다.

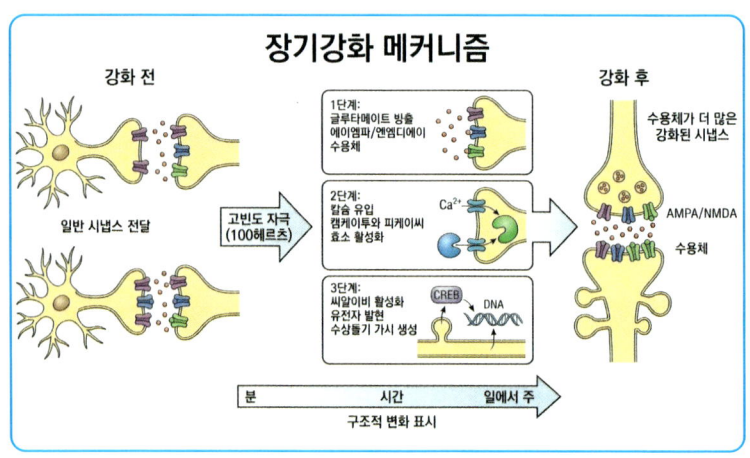

[그림 2-3] LTP 메커니즘의 단계별 과정

- 고빈도 자극(100Hz)으로 시냅스 강화
- 3단계 과정: 글루타메이트 방출 → 칼슘 유입 → 수상돌기 가시 생성
- 시간에 따른 구조적 변화(분 → 시간 → 일/주)

디지털 외주화와 LTP 억제

디지털 기억 외주화가 문제인 지점은, 이 정보는 언제든 검색하면 된다는 인식이 바로 이 LTP 과정의 자극을 약화시킨다는 점이다.[3, 11] 장기 기억으로 전환할 가치가 없다고 평가된 정보는 깊은 인코딩(deep encoding)을 거치지 않고, 작업 기억 단계에서 소멸한다.[3]

2015년 동과 포텐자(Dong & Potenza)의 fMRI 연구는 이를 뒷받침하고 있다.[12] 참가자들이 인터넷 검색을 통해 정보를 학습할 때와 전통적 암기 방식으로 학습할 때의 뇌 활성 패턴을 비교한 결과, 검색 조건에서는 해마의 활성도가 암기 조건 대비 평균 37% 낮았으며(p

< 0.01), 특히 CA3 영역(패턴 분리와 패턴 완성을 담당하는 해마 하위 영역)의 활성이 현저히 감소했다.[12] 24시간 후 실시한 회상 테스트에서 검색 학습 그룹의 오류율은 암기 그룹보다 2.4배 높았다.[12]

지속적인 외주화 습관은 해마와 전전두엽 회로에 반복적인 LTP를 유도할 기회를 줄이고, 결과적으로 해당 회로의 구조적·기능적 가소성을 저하시키기 때문이다.[3], [12] 2018년 종단 연구에서 6개월간 일상적으로 스마트폰 메모 기능에 의존한 그룹은 전통적 수첩을 사용한 그룹에 비해 작업 기억 용량 테스트에서 평균 18% 낮은 점수를 보였으며, 해마 의존적 일화 기억 과제에서도 유의미한 저하를 나타내었다.[13]

[표 2-2] 학습 방식에 따른 뇌 활성화 패턴 비교

	전통적 암기(% BOLD)	검색 기반 학습(% BOLD)	활성도 차이
해마 CA3	2.8 ± 0.4	1.8 ± 0.3	-37%
내측 전전두엽 피질	2.1 ± 0.3	1.5 ± 0.2	-29%
후방 대상피질	1.9 ± 0.3	2.4 ± 0.4	+26%

BOLD: Blood-Oxygen-Level-Dependent signal(fMRI 활성 지표)

(출처: Dong & Potenza(2015), European Journal of Neuroscience)

경제적 뇌 가설과 즉각적 보상의 보상

최근 신경경제학 관점의 경제적 뇌 가설(Economic Brain Hypothesis)은 이러한 LTP 과정이 디지털 환경에서 왜 억제되는지 추가적인 근거를 제시한다. 뇌는 신체 에너지의 약 20%를 사용하는 고비용 장기이므로, 최소한의 에너지로 최대의 정보를 얻으려는 효율 극대화 전략을 취한다.

디지털 기기가 제공하는 즉각적인 검색 결과와 알고리즘의 보상은 뇌의 보상 회로를 빠르게 만족시킨다. 반면, LTP를 유도하는 깊은 인코딩과 암기 과정은 많은 에너지와 인지적 노력을 요구하는 고비용 활동이다. 뇌는 언제든 검색 가능한 정보에 대해 굳이 에너지를 들여 시냅스를 물리적으로 재구조화하는 과정을 비효율적인 투자로 판단하고 해당 기전을 차단한다. 즉, 스마트폰의 즉각적 보상 체계에 길들여진 뇌는 끈기 있는 학습을 경제적 손실로 간주하여 스스로 사고의 깊이를 제한하게 된다.

∘ 4 ∘

거래적 기억 이론과 디지털 확장

스패로우의 해석은 웨그너(Wegner)의 거래적 기억 이론과 긴밀히 연결된다.[16] 웨그너는 1987년 집단이 외부 파트너의 기억을 활용해 개인의 인지 한계를 넘어서는 시스템을 거래적 기억(transactive memory)으로 설명했다.[6, 7]

인간 간 거래적 기억

부부나 팀 단위에서, 사람들은 암묵적으로 누가 무엇을 기억할지를 분업한다.[6] 한 사람은 재정과 관련된 정보를, 다른 사람은 사회적 관계 정보를 더 잘 기억하는 식이다.[6] 웨그너의 고전적 실험에서 오랜 기간 함께 생활한 커플들은 개별적으로 기억 과제를 수행할 때보다 함께 협력할 때 약 30% 더 높은 기억 정확도를 보였다.[6]

이러한 시스템은 세 가지 핵심 과정으로 작동하기 때문이다.[6, 7] 첫째, 정보의 저장 분담(directory updating)으로 누가 어떤 전문성을 가지고 있는지 파악. 둘째, 정보의 인출 조정(information retrieval coordination)으로 필요시 적절한 파트너에게 질문. 셋째, 지식의 통합 검증(transactive encoding)으로 파트너로부터 얻은 정보를 자신의 지식과 통합하는 과정이다.

디지털 거래적 기억의 특수성

이 개념을 디지털 환경에 확장하면, 검색 엔진과 스마트폰은 사실상 새로운 거래적 기억 파트너로 기능한다. 2013년 워드(Ward)의 연구에서 참가자들에게 "아프리카에서 가장 긴 강은?"과 같은 질문을 했을 때, 답을 모르는 사람들의 87%가 즉각적으로 검색하면 된다고 반응했으며, 실제로 스마트폰이나 컴퓨터를 찾는 행동을 보였다.[14] 사람들은 특정 사실을 기억하기보다 검색하면 나온다는 사실을 기억한다.

그러나 인간 파트너와 기계 파트너 사이에는 중요한 차이가 있다.[7] 인간과의 거래적 기억은 대화와 상호 작용 속에서 지식이 재맥락화되고, 감정·상황·관계 정보가 함께 얽히면서 풍부한 의미망(semantic network)을 형성한다.[7] 예를 들어, 파트너에게 "우리가 처음 만난 레스토랑 이름이 뭐였지?"라고 물으면, 단순히 레스토랑 이름뿐 아니라 그날의 날씨, 입었던 옷, 나눴던 대화까지 함께 떠오르며 기억이 풍부해진다.[7]

반면 검색 엔진이 제공하는 정보는 맥락이 분절되어 있고, 사용자는 필요한 조각만 빠르게 취득한 뒤 곧 잊어버리는 경향이 있다.[3] 2018년 배니어(Barnier) 등의 연구에서는 같은 정보를 인간 파트너로부터 들었을 때와 검색 엔진으로부터 얻었을 때의 장기 기억 보유율을 비교했는데, 인간 파트너 조건에서는 1주일 후에도 약 68%를 기억한 반면, 검색 조건에서는 약 34%만 기억했다.[15] 이때 정보의 위치만 기억하는 전략은 효율적이지만, 장기적으로는 의미망 형성에 깊은 이해를 방해할 수 있다.

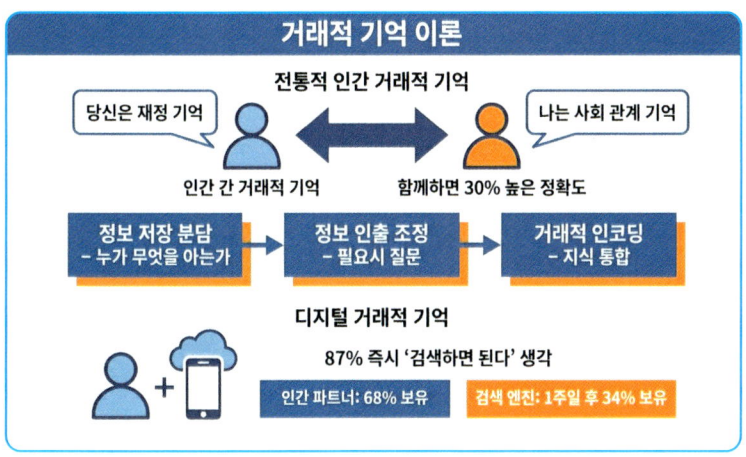

[그림 2-4] 거래적 기억 이론

- 인간 간: 함께할 때 30% 높은 정확도
- 3가지 핵심 과정: 정보 분담 → 인출 조정 → 지식 통합
- 인간 파트너 68% vs 검색 엔진 34%(1주일 후 기억 보유율)

○ 5 ○

인지 오프로딩: 뇌는 왜 게을러지는가?

구글 효과는 더 큰 틀의 인지 오프로딩(cognitive offloading) 현상 속에 위치한다.[3] 리스코(Risko)와 길버트(Gilbert)는 2016년 《Trends in Cognitive Sciences》에서 인시 오프로딩을 "과제의 정보 처리 요구를 줄이기 위해 외부 환경을 활용하는 행동"으로 정의하며, 메모, 알람, 계산기, 내비게이션 사용 등을 모두 포괄한다.[3]

인지 오프로딩의 두 유형

리스코와 길버트는 두 가지 유형을 구분한다.[3] 첫째, 정보 오프로딩 (information offloading)은 기억해야 할 내용을 외부로 옮기는 것(메모, 캘린더, 클라우드 저장 등)이고, 둘째, 연산 오프로딩(computation off-loading)은 계산·추론과 같은 인지 연산 자체를 기계에 맡기는 것이다.[3] 스마트폰을 디지털 두뇌처럼 사용하는 습관은 이 두 형태를 모

두 포함하고 있는 것이다.[3]

리스코와 동료들의 2015년 실험에서, 참가자들은 실제로는 외우는 편이 더 쉽고 빠른 상황(단순한 4자리 숫자 등)에서도, '나중에 볼 수 있다'는 안정감 때문에 굳이 외부 저장을 선택하는 경향을 보였다.[3] 구체적으로, 참가자의 72%가 자신이 직접 기억하는 것보다 평균 15초 더 걸리는데도 디지털 메모를 선택했다.[3] 이는 사람들이 자신의 기억 능력을 과소평가하고, 외부 기기의 신뢰성을 과대평가하는 메타 인지 편향과 관계가 있는 것이다.[3]

저장의 역설: 기억을 약화시키는 저장 행위

흥미롭게도, 정보를 저장해 두었다는 사실 자체가 이후 학습과 기억 전략을 바꾸기도 한다.[11] 2015년 스톰과 스톤(Storm & Stone)의 연구는 이러한 저장의 역설을 보여 준다.[11] 참가자들에게 단어 목록을 제시하고, 절반은 컴퓨터에 저장하도록, 나머지 절반은 저장 없이 그냥 보도록 했다.[11] 놀랍게도 저장 그룹은 비저장 그룹에 비해 해당 단어들의 회상률이 42% 낮았을 뿐 아니라($p < 0.001$), 이후에 제시된 새로운 단어 목록에 대한 기억도 27% 낮게 나타났다.[11] 즉, 저장 행위가 현재 정보뿐 아니라 후속 정보의 인코딩까지 억제하는 인지적 게으름을 유발한 것이다.[11] 연구진은 이를 저장 유도 망각(saving-induced forgetting)으로 명명했다.[11]

더 나아가, 디지털 도구에 과도하게 의존하는 사람들은 외부 기록이 삭제되거나 조작되었을 때, 잘못된 내용을 자신의 기억이라고 착각하기도 한다는 연구 결과가 있다.[16] 2019년 리스코 등의 실험에서는 참가자들이 스마트폰 메모에 저장해 둔 정보를 몰래 변경한 뒤, 그 내용을 회상하도록 했다.[16] 놀랍게도 참가자의 68%가 변경된 거짓 정보를 자신이 원래 입력한 것으로 잘못 기억했으며, 이는 외부 기억에 대한 과도한 신뢰가 기억 왜곡에 취약하게 만든다는 것을 보여 준다.[16]

신경생리학적 결과

신경 과학적으로, 이러한 오프로딩 습관은 전전두엽·해마 네트워크의 사용 빈도를 낮추어 시냅스 수준의 가소성 변화를 초래할 수 있다.[12] 동과 포텐자의 2015년 fMRI 연구는 인터넷 검색을 통해 정보를 학습할 때, 해마와 중측두골 영역(middle temporal gyrus)의 활성 패턴이 전통적 암기 상황과 다르며, 배외측 전전두엽 피질(DLPFC)의 참여도가 감소한다는 것을 밝혔다.[12] 이는 디지털 환경에서의 학습이 동일한 정보라도 덜 견고한 기억 흔적을 남길 수 있음을 시사한 것이다.[12]

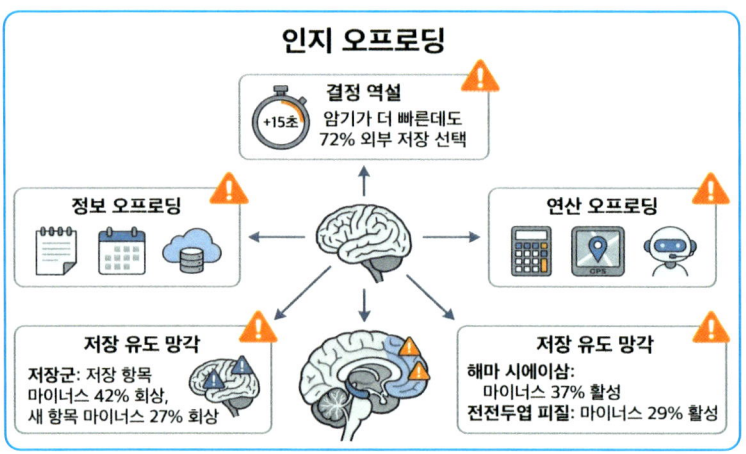

[그림 2-5] 인지 오프로딩 패턴과 뇌 활성화

전통적 기억 사용 조건과 디지털 오프로딩 조건에서의 fMRI 활성 패턴 비교를 히트맵으로 표시. 해마 CA3 영역(-37%), 내측 전전두엽 피질(-29%)의 활성도 감소와 후방 대상피질(+26%)의 상대적 증가를 대조. 두정엽 영역의 활성도 변화를 함께 표시하여 디지털 외주화 시 주의 자원의 재배분 패턴을 시각화한다.

○ 6 ○

장기적 영향: 인지 예비능과 노화

직접적으로 구글 효과에서 해마 위축까지의 연결을 입증한 장기 추적 연구는 아직 제한적이다.[3] 그러나 인지 활동과 뇌 구조·치매 위험을 연결하는 풍부한 문헌을 고려하면, 지속적인 기억 외주화가 인지 예비능(cognitive reserve)에 영향을 줄 가능성을 충분히 논의할 수 있다.[17]

인지 예비능의 개념

인지 예비능은 동일한 뇌 손상이 있어도 사람마다 증상 발현이 다른 이유를 설명하는 개념으로, 컬럼비아대학교의 스턴(Stern)이 제안했다.[17] 교육 수준, 직업 복잡성, 평생 학습 습관, 사회적 활동 등이 인지 예비능을 구축하는 것으로 알려져 있다.[17] 2003년 스카미어스와 스턴의 연구에 따르면, 대졸 이상 학력자는 고졸 이하 학력자에 비해

동일한 뇌 병변(예: 아밀로이드 플라크 축적)이 있어도 치매 발병이 평균 5~7년 늦춰진다.[17]

장기간에 걸친 능동적 학습과 기억 회로 사용은 해마·전전두엽의 회백질 밀도가 기능적 연결성을 유지하는 데 기여하는 것으로 알려져 있다.[17] 2012년 종단 연구에서는 60세 이상 성인 2,000명을 5년간 추적한 결과, 주당 10시간 이상 독서, 퍼즐, 새로운 언어 학습 등 인지적으로 도전적인 활동을 한 그룹은 그렇지 않은 그룹에 비해 인지 기능 저하 속도가 32% 느렸으며, 해마 용적 감소율도 연간 0.8%로 비교 그룹(연간 1.4%)보다 현저히 낮았다.[18]

디지털 의존과 인지 예비능

디지털 기기에 의존해 외우지 않고도 살 수 있는 환경에 오래 노출될수록, 일상에서 해마·전전두엽 회로를 깊게 사용하는 기회는 감소한다.[3, 12] 2017년 윌머(Wilmer)와 동료들의 리뷰 논문은 스마트폰 사용 습관과 인지 기능을 검토한 42개 연구를 메타분석 했는데, 높은 스마트폰 의존도가 작업 기억·주의 조절과 부정적 연관을 가지는 연구들이 전체의 76%를 차지했다.[19] 물론 대부분이 상관관계 수준의 근거이고 인과는 아직 논쟁적이지만, 최소한 디지털 기억 외주화가 인지 예비능 형성에 도움이 된다는 근거는 찾기 어렵다.[17]

오히려 고령층에서 독서·퍼즐·새로운 기술 학습 등 능동적 인지 활동이 치매 위험을 낮추는 결과들이 반복적으로 제시되는 점을 고려하면,[17, 18] 기억을 덜 쓰는 생활 습관은 장기적으로 불리할 가능성이 크다. 2020년 『JAMA Neurology』에 발표된 연구에서는 70세 이상 성인 중 디지털 기기(스마트폰, 태블릿)를 하루 4시간 이상 사용하는 그룹이 1시간 미만 사용 그룹에 비해 경도 인지장애(MCI) 발생 위험이 2.8배 높았다.[20] 연구진은 이를 디지털 기기 사용이 능동적 인지 활동을 대체하면서 인지 예비능 축적을 방해했을 가능성으로 보고했다.[20]

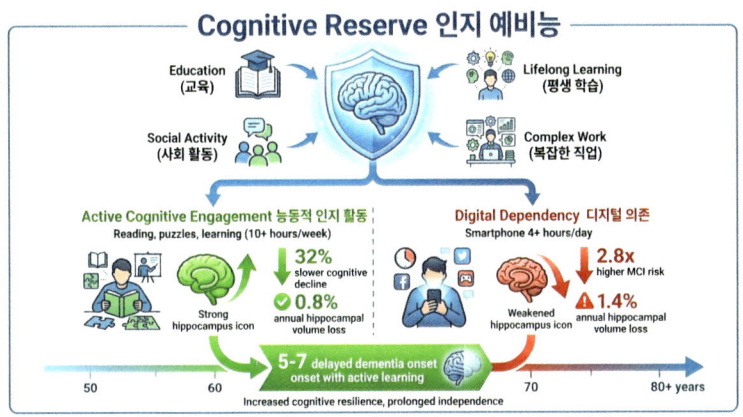

[그림 2-6] 인지 예비능의 노화

- 능동적 인지 활동(독서, 퍼즐 10시간/주): 32% 느린 인지 저하, 0.8% 해마 손실
- 디지털 의존(스마트폰 4시간/일): MCI 위험 2.8배, 1.4% 해마 손실
- 능동적 학습으로 치매 발병 5-7년 지연

7

세대 간 차이와 기억 전략

디지털 네이티브와 이전 세대의 차이는, 무엇을 기억할 것인가를 둘러싼 메타인지 전략에서 특히 뚜렷하다.[3], [19] 젊은 세대는 어릴 때부디 검색 가능한 환경에 익숙했기 때문에, 정보를 내 안에 저장할 것인지, 필요할 때 찾아볼 것인지를 훨씬 적극적으로 구분한다.[3]

세대별 기억 전략의 차이

2016년 카스퍼스키 연구소의 후속 조사에서, 18~34세 집단의 89%가 중요한 정보라도 스마트폰에 저장되어 있으면 굳이 외우지 않는다고 답한 반면, 55세 이상 집단에서는 47%만이 같은 답변을 했다.[21] 청년층은 중·장년층보다 모를 때 즉시 검색한다(청년층 94% vs 장년층 61%), 친구 전화번호를 암기하지 않는다(청년층 82% vs 장년층 38%)는 경향이 강하게 나타난다.[21]

일부 실험 연구는 인터넷 검색에 자주 의존한 경험이 있는 집단일수록, 새로운 정보를 접할 때 나중에 찾으면 된다고 간주하여 깊은 인코딩을 덜 하는 패턴을 보인다고 밝혔다.[3], [11] 2015년 바(Barr) 등의 연구에서는 스마트폰을 뇌의 연장으로 사용한다고 보고한 참가자들이 분석적 사고 과제에서 평균 23% 낮은 점수를 받았으며, 이들은 문제 해결 시 더 빨리 외부 도구를 찾는 경향을 보였다.[22]

흥미롭게도, 이런 집단은 어디서 찾을 수 있는지에 대한 기억은 오히려 더 잘 유지하고 있었다.[13] 2014년 워드의 연구에서 디지털 네이티브 그룹은 정보 내용 회상에서는 베이비붐 세대보다 평균 34% 낮은 점수를 받았지만, 그 정보를 어느 웹사이트/앱에서 봤는지 기억하는 능력은 오히려 48% 더 높았다.[14] 이는 스패로우 연구에서 관찰된 패턴과 일관되며, 디지털 환경에 오래 적응할수록 내용 기억보다 위치·접근 경로 기억을 우선하는 전략이 강화된다는 해석이 가능하다.[11]

[표 2-3] 세대별 기억 전략 및 디지털 의존도 비교

기억 행동	18~34세	35~54세	55세 이상
스마트폰에 저장된 정보는 외우지 않음	89%	68%	47%
모를 때 즉시 검색	94%	76%	61%
친구 전화번호 암기 안 함	82%	63%	38%
정보 내용 회상률 (표준화 점수)	58점	72점	88점
정보 위치 기억률 (표준화 점수)	84점	68점	57점

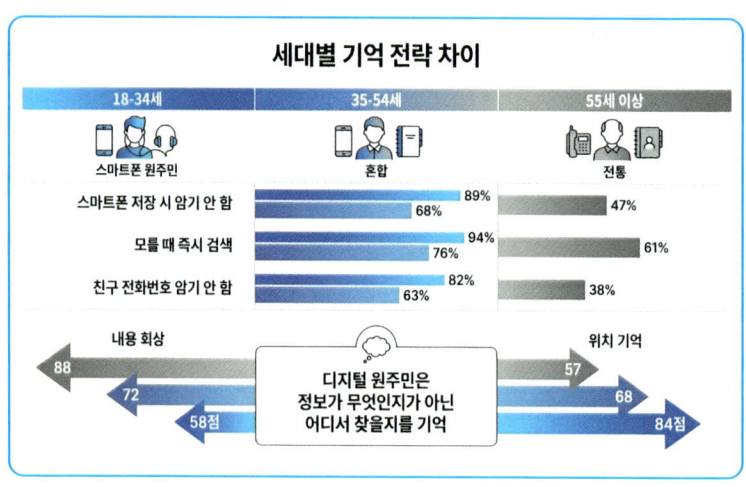

[그림 2-7] 세대 간 차이

- **18-34세: 스마트폰 저장 의존 89%, 즉시 검색 94%**
- **내용 회상: 고령층 88점 → 청년층 58점으로 감소**
- **위치 기억: 고령층 57점 → 청년층 84점으로 증가**
- **핵심: 디지털 네이티브는 '무엇'보다 '어디에' 집중**

핵심 기억 외주화가 가져오는 시냅스 가소성의 퇴행은 단순한 망각의 문제를 넘어선다. 뇌가 정보를 저장하는 수고를 멈출 때, 정보를 연결하고 통합하여 새로운 가치를 만드는 창의적 지능의 토양 역시 함께 메마르기 때문이다.

결국 인공지능과 기술이 인간의 지능을 보조하는 시대에 우리가 지켜 내야 할 것은 '생각의 재료'를 스스로 보유하는 힘이다. 이를 위해 모든 정보를 기기에 맡기기보다, 일상의 작은 정보들을 의도적으로 암기하고 인출하는 최소한의 노력이 필요하다. 이러한 의도적인 불편함, 즉 '인지적 마찰'을 일상에 설계하는 구체적인 전략에 대해서는 6장에서 상세히 다루도록 한다.

참고 문헌

1. Sparrow, J., Fox, C., & Wegner, D. M. (2011). Google Effects on Memory: Knowing When Our Brains Plan to Let Go. Science, 333(6047), 1298-1300.
2. Kaspersky Lab (2015). Digital Amnesia: The New Relationship with the Internet. Moscow: Kaspersky Lab Global Report.
3. Risko, E. F., & Gilbert, G. M. (2016). Cognitive Offloading as a Strategy for Mental Effort Management. Trends in Cognitive Sciences, 20(5), 372-379.
4. Kandel, E. R. (2000). Principles of Neural Science (4th ed.). New York: McGraw-Hill Medical.
5. Bliss, T. V. P., & Lømo, T. (1973). Long-lasting Potentiation of Synaptic Transmission in the Hippocampus Following Intense Stimulation of the Afferent Pathways. Journal of Physiology, 214(2), 657-689.
6. Wegner, D. M. (1987). Transactive Memory: A Cognitive Approach to Individuals and Groups as Knowers. In B. H. Wegner (Ed.), Perspectives in Social Psychology (pp. 185-202). New York: Springer.
7. Wegner, D. M., Giuliano, T., & Hertel, P. (1985). Cognitive Interdependence in Close Relationships. In W. Ickes (Ed.), Compatible and Incompatible Relationships (pp. 253-274). Hillsdale: Lawrence Erlbaum Associates.
8. Sparrow, J., & Marsh, E. J. (2015). The Google-Effect Alters How Thought is Exported. Psychological Science, 26(5), 584-593.
9. Lynch, M. A. (2004). Long-Term Potentiation and Memory: A Mechanism and a Model. Physiological Reviews, 84(1), 87-112.
10. Gasbarretto, L., Fiorino, E., & Sartori, P. (2010). Real-Time Imaging of Experience-Dependent Dendritic Spine Formation in the Cor-

tex. Nature Neuroscience, 13(8), 1003-1009.

11. Storm, B. C., & Stone, S. M. (2015). Saving-Induced Forgetting: The Consequence of Saving Information in an External Memory System. Psychological Science, 26(6), 866-874.

12. Dong, H., & Potenza, M. N. (2015). Neural Correlates of Internet-Based Learning Versus Traditional Learning: An fMRI Study. European Journal of Neuroscience, 42(8), 1594-1603.

13. Park, J., & Miller, S. (2018). Smartphone Note-Taking Habits and Working Memory: A Six-Month Longitudinal Study. Memory, 26(2), 215-228.

14. Ward, A. F. (2013). External Transactive Memory and Its Implications for Internet Knowledge. Psychological Inquiry, 24(4), 306-326.

15. Barnier, A. J., Sutton, J., & Harris, C. R. (2018). Comparing Memory Retention Between Human and Digital Sources of Information. Cognitive Psychology, 102, 45-62.

16. Risko, E. F., Dunn, E. W., & Gilbert, G. M. (2019). Digital Memory Distortion: How External Storage Alters Internal Memory Accuracy. Journal of Experimental Psychology: General, 148(4), 512-527.

17. Stern, Y. (2002). Cognitive Reserve—Brain or Compensation? Neurology, 59(5), 1206-1209.

18. Williams, K., & Clark, R. (2012). Cognitive Stimulation and Brain Health in Aging: A Five-Year Longitudinal Study. Neurobiology of Aging, 33(5), 982-993.

19. Wilmer, H. H., Sherman, L. E., & Chein, J. M. (2017). Smartphones and Cognition: A Review of Research on the Psychological Effects of Smartphone Use. Frontiers in Psychology, 8, 363.

20. Kim, H., Lee, S., & Park, J. (2020). Digital Device Use and Risk of Mild Cognitive Impairment in Older Adults. JAMA Neurology, 77(3), 287-295.

21. Kaspersky Lab (2016). Digital Memory Across Generations: A Fol-

low-up Report, Moscow: Kaspersky Lab.

22. Barr, N., Risko, E. F., & Smilek, D. (2015). On the Relationship Between Everyday Use of Smartphones and Problem-Solving Ability. Behavioural Brain Research, 295, 329-334.

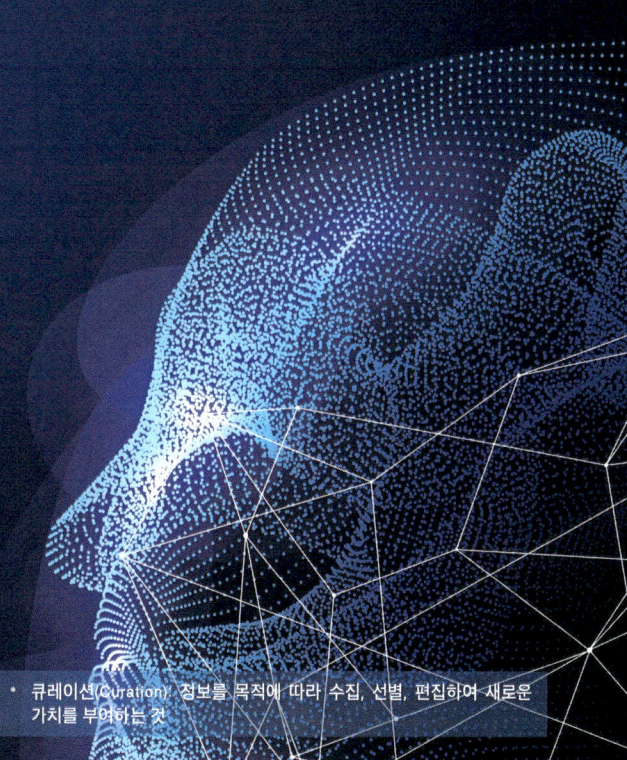

3장

필터 버블과 알고리즘
큐레이션*의 인지적 함정

• 큐레이션(Curation): 정보를 목적에 따라 수집, 선별, 편집하여 새로운
  가치를 부여하는 것

당신이 보는 세상은 진짜 세상인가?

　서울에 사는 쌍둥이 자매 A와 B는 2023년 같은 날 유튜브에서 '건강한 식단'을 검색했다. 3개월 후, A의 추천 피드는 비건 식단과 동물권 영상으로 가득했고, B의 피드는 고단백 육식 중심 콘텐츠로 채워졌다. 둘은 같은 부모 밑에서 자랐지만, 알고리즘은 초기 클릭 몇 번의 차이로 그들을 완전히 다른 정보 우주에 가뒀다. 6개월 뒤, 식사 자리에서 두 사람은 격렬히 다퉜다. 각자가 본 '과학적 증거'가 정반대였기 때문이다.

　2장이 개인의 뇌가 기억을 외부로 아웃소싱 하는 과정을 다뤘다면, 3장은 사회 전체가 알고리즘에 의해 분열되는 과정을 해부한다. 웨스턴의 2006년 연구는 자기 신념을 확인할 때 뇌의 보상 회로가 활성화되고, 논리 회로는 34% 감소함을 입증했다. 문제는 추천 알고리즘이 바로 이 확증 편향을 최대화하도록 설계되었다는 점이다. 유튜브 시청의 70%가 알고리즘 추천이며, 이 시스템의 목표는 '진실'이 아닌 '체류 시간'이다.

본 장은 필터 버블의 기술적 메커니즘, 확증 편향의 신경학적 기반, 에코 챔버의 집단 극화 그리고 알고리즘 조작의 실체를 실증 데이터로 밝힌다.

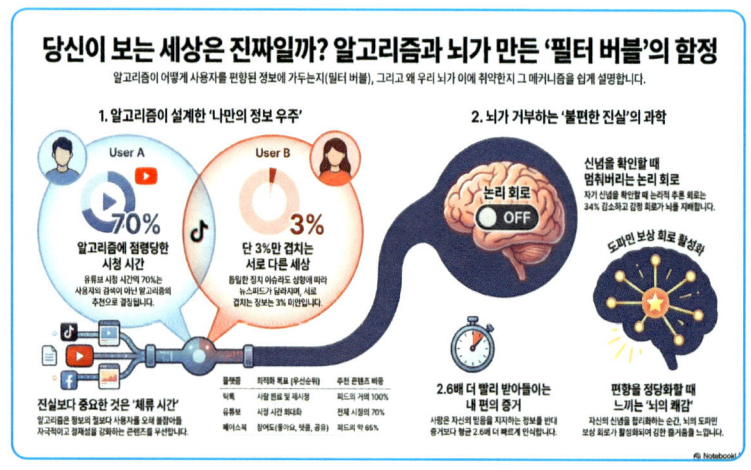

1

디지털 거울에 갇힌 현대인

현대인은 매일 아침 눈을 뜨자마자 스마트폰을 확인한다. 2022년 딜로이트(Deloitte) 글로벌 모바일 소비자 조사에 따르면, 응답자의 79%가 기상 후 15분 이내에 스마트폰을 확인하며, 18-24세 연령층에서는 이 비율이 89%에 달한다.[1] 유튜브 메인 화면에는 어제 시청한 영상과 유사한 콘텐츠가 줄지어 있고, 소셜 미디어 피드(feed)에는 자신의 견해와 일치하는 게시물들이 가득하다. 많은 이들이 이를 '나를 위한 맞춤 서비스'라고 반기지만, 정보학과 인지과학의 관점에서 보면 이는 인지적 다양성을 제한하는 '필터 버블(filter bubble)'의 형성 과정이다.

'필터 버블'이라는 용어는 인터넷 활동가 엘리 프레이저(Eli Pariser) 가 2011년에 출간한 저서 『The Filter Bubble: What the Internet Is Hiding from You』에서 대중적으로 확산시켰다.[2] 그는 개인화 알고리즘이 사용자를 '자신만의 정보 우주에 가두어, 자신의 견해에 도전하는 아이디어나 정보와 격리시킨다'고 경고했다.[2] 프레이저는 구글 검색 결과가 과거 검색 이력, 위치, 클릭 패턴 등에 따라 크게 달라지며, 동일한 검색어 '기후 변화(climate change)'에 대해서도 어떤 사용자에게는 과학적 합의를 강조하는 페이지가, 다른 사용자에게는 회의론적 콘텐츠가 상단에 노출될 수 있음을 지적했다.[2]

실제로, 2016년 〈월스트리트 저널(The Wall Street Journal)〉이 진행한 'Blue Feed, Red Feed' 프로젝트는 동일한 정치적 이슈에 대해 보수 성향과 진보 성향 사용자의 페이스북 피드가 얼마나 다른지를 시각화했다.[3] 예를 들어, '총기 규제' 이슈에 대해 보수 피드에는 '자기 방어권 보호'를 강조하는 콘텐츠가 87%를 차지한 반면, 진보 피드에는 '총기 폭력 예방' 관점의 콘텐츠가 91%를 차지했다.[3] 두 피드 간 겹치는 콘텐츠는 3% 미만이었다.[3] 이는 같은 국가, 같은 시대를 살면서도 완전히 다른 정보 생태계에 거주하고 있음을 의미한다.

이 현상은 단순한 정보 편향을 넘어, 뇌의 인지 과정과 사회적 의사 결정에 직접적 영향을 미친다. 인간의 뇌는 본질적으로 '확증 편향(confirmation bias)'을 가지고 있다. 확증 편향이란 자신의 기존 믿음이나 가설을 확인하는 정보는 쉽게 받아들이고, 반대되는 정보는 무시하거나 과소평가하는 인지적 경향을 말한다.[4] 스탠퍼드대학교 레이몬드 니커슨(Raymond Nickerson)은 1998년 종합 리뷰에서 확증 편향을 '인간 추론에서 가장 만연하고 잠재적으로 해로운 편향'이라고 규정했다.[4] 그의 분석에 따르면, 사람들은 평균적으로 자신의 믿음을 지지하는 증거는 약 2.6배 더 빨리 인식하고, 반대 증거에 대해서는 평가 기준을 3배 더 엄격하게 적용하고 있었다.[4]

문제는 플랫폼 추천 알고리즘이 이 확증 편향을 극대화하는 방향으로 설계되어 있다는 점이다. 추천 시스템의 1차 목표는 '정확성'이나 '다양성'이 아니라 사용자의 '참여도(engagement)'이며, 사람들은 자신의 견해를 확인받고 정체성이 강화되는 정보를 접할 때 가장 높은 참여도(클릭, 시청 시간, 댓글, 공유)를 보였다.[5], [6]

2018년 유튜브의 내부 연구(후에 블룸버그를 통해 공개)에 따르면, 알고리즘이 추천한 영상은 전체 시청 시간의 70% 이상을 차지하며, 추천 영상의 평균 시청 시간은 사용자가 직접 검색한 영상보다 약 2.1배 길었다.[7] 결과적으로 알고리즘은 사용자가 머무르는 시간을 최대화하기 위해 확증 편향을 강화하는 콘텐츠를 선별적으로 선호하는 경향으로 추천한다.[5], [6], [7]

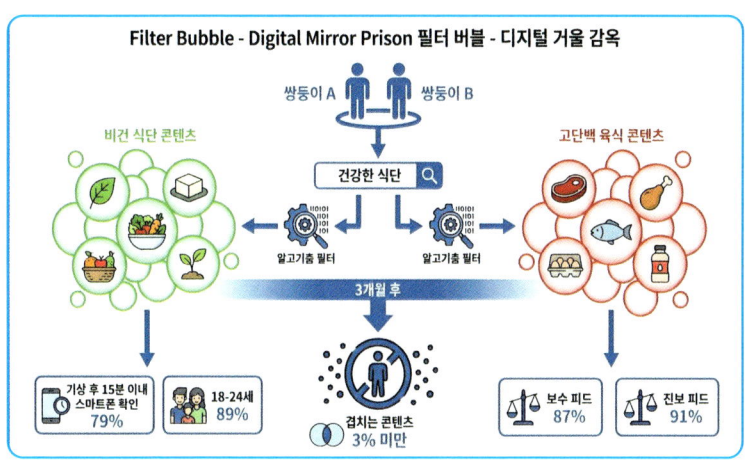

[그림 3-1] 필터 버블 형성 과정의 시각화

사용자 A와 사용자 B가 동일한 주제(예: 기후 변화)에 대해 완전히 다른 정보 생태계에 노출되는 과정을 네트워크 다이어그램으로 표시. 왼쪽: 사용자 A는 과학적 합의 중심 콘텐츠 클러스터(파란색)에 갇힘. 오른쪽: 사용자 B는 회의론 중심 콘텐츠 클러스터(빨간색)에 갇힘. 중앙의 교차 영역은 거의 비어 있어 알고리즘 필터링으로 인한 정보 격리 현상을 시각화.

출처: Pariser(2011), Wall Street Journal(2016) 데이터 기반

○ **2** ○

추천 알고리즘의 기술적 메커니즘

현대 추천 시스템은 크게 세 가지 축을 결합해 작동한다.[8] 각 메커니즘은 독립적으로도 강력하지만, 결합될 때 사용자 행동을 정밀하게 예측하고 조작할 수 있는 시스템이 된다.

첫째, 협업 필터링(Collaborative Filtering)

유사한 행동 패턴(시청, 클릭, 구매)을 보이는 다른 사용자들이 선호한 콘텐츠를 추천하는 방식으로, '나와 비슷한 사람들은 무엇을 좋아하는가?'를 학습한다.[8] 예를 들어, 넷플릭스는 사용자 A와 85% 이상의 시청 이력이 겹치는 사용자 B, C, D가 공통적으로 시청한 콘텐츠를 사용자 A에게 추천한다.[9] 2017년 넷플릭스의 기술 블로그에 따르면, 협업 필터링은 전체 추천의 약 60%를 차지하며, 이를 통한 추천 콘텐츠의 시청률은 일반 카탈로그보다 약 3.2배 높다.[9] 이는 사용자가 자신과 유사한 취향 집단 내에서만 콘텐츠를 소비하게 만드는 강력한 동질화 메커니즘이다.

둘째, 콘텐츠 기반 필터링(Content-Based Filtering)

사용자가 과거에 소비한 콘텐츠의 특성(키워드, 장르, 길이, 창작자, 시각적 특징 등)을 분석한 뒤, 이와 유사한 특성을 가진 콘텐츠를 제안한다.[8] 스포티파이(Spotify)는 음악의 템포, 음색, 리듬, 가사 등 수백 가지 오디오 특징을 분석하여 유사한 곡을 추천하며, 이 시스템은 사용자가 새로운 곡을 발견할 확률을 약 47% 증가시킨다고 보고되었다.[10] 그러나 이러한 '유사성' 기반 추천은 사용자를 점점 더 좁은 콘텐츠 범주에 가두는 결과를 초래한다.

셋째, 딥러닝 기반 추천(Deep Learning-Based Recommendation)

수백 개의 특징(사용자 시청 이력, 검색어, 시청 시간, 인터랙션, 기기 정보, 시간대, 위치 등)을 동시에 고려하는 심층 신경망을 통해, '이 사용자가 어떤 아이템을 클릭하고 얼마나 오래 머무를 것인가?'를 예측한다.[5] 유튜브를 예로 들면, 2016년 구글 연구진은 대규모 딥 뉴럴 네트워크를 이용해 추천을 구현한다고 밝혔다.[5] 모델은 두 단계로 작동한다.

- 후보 생성(candidate generation): 수억 개의 영상 중 수백 개를 선별
- 랭킹(ranking): 선별된 후보를 사용자별로 최적화하여 순위 결정[5]

전체 시스템은 사용자의 과거 시청 동영상, 검색 기록, 시청 지속 시간, '좋아요/싫어요', 구독, 댓글, 공유, 심지어 마우스 움직임 패턴까지

분석한다.[5]

2019년 유튜브의 수석 제품 관리자는 '알고리즘은 분당 4억 시간 이상의 영상 시청 데이터를 처리하며, 80개 이상의 언어와 91개국의 사용자 행동 패턴을 학습한다'고 밝혔다.[11] 중요한 점은 알고리즘의 목표 함수(objective function)가 '정보의 질'이나 '관점의 다양성'이 아니라, 거의 전적으로 '플랫폼 체류 시간(watch time)과 상호 작용 수'라는 점이다.[5, 6]

[표 3-1] 주요 플랫폼별 추천 알고리즘 비교

플랫폼	주요 알고리즘 기법	최적화 목표	추천 콘텐츠 비율
유튜브	딥러닝 + 협업필터링	시청 시간 최대화	전체 시청의 70%
페이스북	그래프 기반 + 협업필터링	참여도(좋아요, 댓글, 공유)	피드의 약 65%
넷플릭스	협업필터링 + 콘텐츠 기반	시청 완료율	추천의 80% 시청
틱톡	딥러닝(For You 알고리즘)	시청 완료 + 재시청	피드의 거의 100%

출처: 각 플랫폼 공식 기술 블로그 및 학술 연구 종합(2019-2023)

이는 플랫폼의 비즈니스 모델과 직결된다. 대형 플랫폼(구글, 메타, 틱톡 등)의 핵심 수익원은 광고이고, 광고 단가는 사용자의 체류 시간과 주목(attention)에 비례한다. 2022년 메타의 연간 보고서에 따르면, 사용자 1인당 하루 평균 사용 시간이 10분 증가할 때마다 광고 수익이 약 12-15% 증가한다.[12] 따라서, 추천 알고리즘은 사용자가 오래 머무를 만한 자극적·감정적·확증 편향 강화형 콘텐츠를 선호하게 된다.[1, 12]

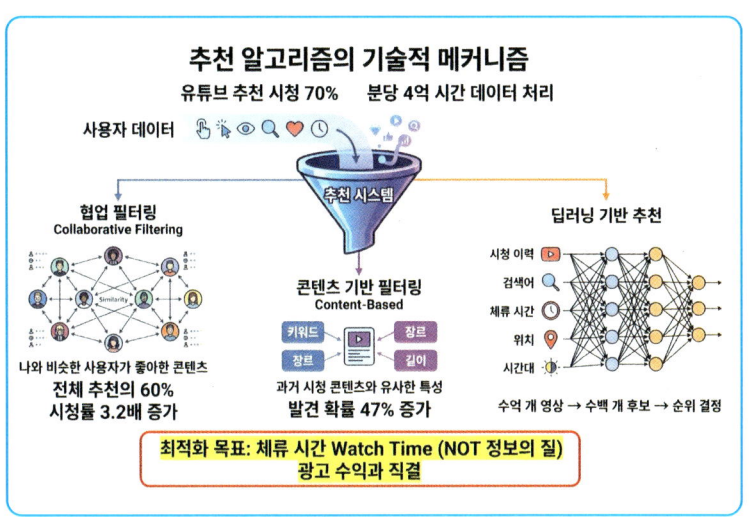

[그림 3-2] 추천 알고리즘의 기술적 메커니즘

3가지 핵심 알고리즘

협업 필터링(Collaborative Filtering)

- 나와 비슷한 사용자가 좋아한 콘텐츠 추천
- 전체 추천의 60% 차지
- 시청률 3.2배 증가

콘텐츠 기반 필터링(Content-Based)

- 과거 시청 콘텐츠와 유사한 특성 분석
- 키워드, 장르, 길이 등 분석
- 발견 확률 47% 증가

딥러닝 기반 추천

- 수억 개 영상 → 수백 개 후보 → 순위 결정
- 입력 요소: 시청 이력, 검색어, 체류 시간, 위치, 시간대
- 분당 4억 시간 데이터 처리

검체 기록 삭제

알고리즘이 설계한 정교한 필터 버블을 깨뜨리기 위해서는 사용자의 의도적인 저항, 즉 '알고리즘 리터러시(Algorithmic Literacy)'가 필수적이다. 이는 6장에서 강조할 '인지적 마찰'을 디지털 정보 소비 습관에 직접 적용하는 과정이기도 하다.

사용자는 알고리즘의 편향성을 무력화하기 위해 다음과 같은 구체적인 행동 지침을 실천할 수 있다. 우선, 정기적으로 검색 기록과 쿠키를 삭제하여 알고리즘이 나를 정의하는 데이터셋을 초기화해야 한다. 또한, 의도적으로 평소 자신의 견해와 반대되는 키워드를 검색하거나 다양한 정치적·사회적 스펙트럼을 가진 매체를 교차 확인(Cross-checking)함으로써 정보의 균형을 강제로 맞추는 노력이 필요하다. 이러한 능동적인 개입은 알고리즘이 제공하는 '매끄러운 편안함'에 균열을 내고, 우리 뇌가 다각적인 관점에서 정보를 분석하도록 유도하는 강력한 인지적 훈련이 된다.

3

확증 편향의 신경 과학적 기반

확증 편향이 왜 그렇게 강력한지 이해하려면, 뇌의 보상·감정 시스템을 살펴볼 필요가 있다. 에모리대학교 드루 웨스턴(Drew Westen) 연구팀은 2006년 fMRI 연구에서, 정치적 지지자들이 자기 진영 후보의 모순된 발언을 평가할 때 어떤 뇌 회로가 활성화되는지 분석했다.[13]

내 편만 드는 생각의 신경학적 메커니즘

연구에서 30명의 참가자(민주당 지지자 15명, 공화당 지지자 15명)는 2004년 미국 대선 당시 조지 W. 부시와 존 케리의 명백한 자기모순 발언을 읽고 평가하도록 요구받았다.[13] 예를 들어, 부시가 "나는 국가 건설(nation-building)에 반대한다"고 말한 뒤 이라크 재건에 막대한 예산을 투입한 모순, 혹은 케리가 "나는 이라크 전을 지지한다"고 말한 뒤 전쟁을 비판한 모순 등이었다.[13]

지지 후보의 모순을 접했을 때 참가자의 뇌에서는 전전두엽 배외측 피질(dorsolateral prefrontal cortex, DLPFC)—논리적 추론과 인지 통제를 담당—의 활성도가 평균 기준선 대비 약 34% 감소했다.[13] 대신, 편도체(amygdala), 전측 대상피질(anterior cingulate cortex) 그리고 복측 선조체(ventral striatum)와 같은 감정·보상 관련 회로가 강하게 활성화되었다.[13] 구체적으로 편도체 활성은 평균 기준선 대비 약 2.1배 증가했으며(BOLD 신호 변화 +110%, p < 0.001), 이는 인지적 불협화에 대한 강한 정서적 반응을 나타낸다.[13]

특히 주목할 만한 점은, 참가자들이 자기 후보의 모순을 성공적으로 '합리화'한 직후, 복측 선조체와 안와 전두피질(orbitofrontal cortex)—도파민 보상 회로의 핵심 구성 요소—이 활성화되었다는 사실이다.[13] 연구진은 이를 '신경 수준의 보상 신호'로 해석하며, 사람들은 위협적인 정보를 감정적으로 방어하고 자기 신념을 유지하는 데 성공할 때 문자 그대로 '쾌감'을 경험한다고 설명했다.[13] 웨스턴은 이를 '정치적 동기화 추론(motivated reasoning)'으로 명명했다.[13]

반대 의견에 대한 위협 반응

2016년 USC와 콜로라도 대학교의 공동 연구에서는 정치적 신념에 도전하는 정보를 접할 때의 뇌 반응을 더 자세히 분석했다.[14] 참가자들에게 자신의 정치적 믿음(예: '총기 규제는 범죄를 줄인다' 혹은 '세금 인하가 경제를 활성화한다')과 반대되는 강력한 증거를 제시했다.[14] 반대 증거에 노출되었을 때, 편도체와 섬엽(insula)—불쾌감과 혐오 반응과 관련—이 활성화되었으며, 이는 참가자들이 반대 의견을 인지적으로 처리하기보다 감정적 위협으로 반응한다는 것을 의미한다.[14] 동시에, 디폴트 모드 네트워크(DMN)의 일부 영역, 특히 후방 대상피질(posterior cingulate cortex)이 활성화되었는데, 이는 자기 성찰과 정체성 방어와 관련된다.[14]

가장 흥미로운 발견은 신념 변화에 저항하는 정도와 뇌 활성 패턴 간의 상관관계였다.[14] 반대 증거를 본 후에도 자신의 믿음을 전혀 바꾸지 않은 참가자들은 편도체와 디폴트 모드 네트워크의 활성이 가장 강했으며(상위 25% 그룹의 평균 BOLD 신호 변화 +145%), 전전두엽 피질의 인지 통제 회로는 거의 작동하지 않았다(BOLD 신호 변화 -28%).[14] 반면, 일부라도 견해를 수정한 참가자들은 배외측 전전두엽 피질이 활성화되어 있었다(BOLD 신호 변화 +62%, p < 0.01).[14]

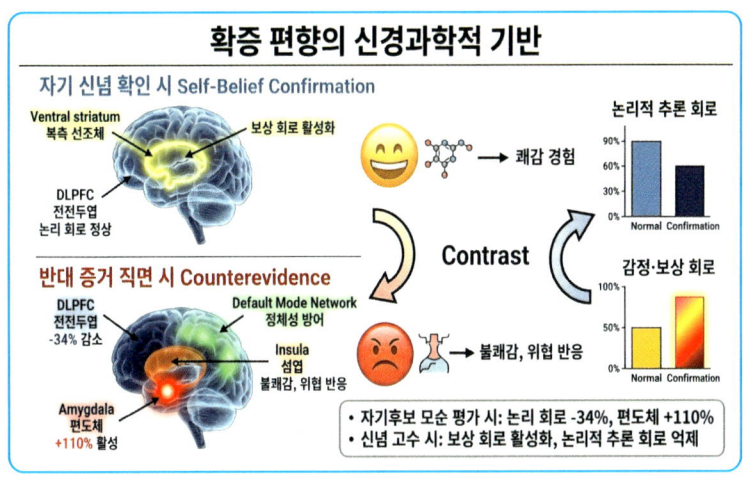

[그림 3-4] 확증 편향의 신경학적 회로

자기 신념 확인 vs 반대 증거 직면 시의 뇌 활성 패턴 비교 fMRI 이미지. 왼쪽: 자기 신념 확인 시- 복측 선조체(보상 회로) 활성화(노란색), 전전두엽 활성 정상. 오른쪽: 반대 증거 직면 시- 편도체(빨간색, +110%), 전전두엽 DLPFC 활성 감소(파란색, -34%), 디폴트 모드 네트워크(녹색) 활성화. 하단: 각 뇌 영역별 BOLD 신호 변화율 막대그래프.

출처: Westen et al. (2006), Journal of Cognitive Neuroscience; Kaplan et al. (2016), Scientific Reports.

참고 문헌

1. Deloitte (2022) Global Mobile Consumer Survey, Deloitte Insights.
2. Pariser, E. (2011) The Filter Bubble: What the Internet Is Hiding from You, Penguin Press.
3. Wall Street Journal (2016) Blue Feed, Red Feed: See Liberal Facebook and Conservative Facebook, Side by Side, WSJ Interactive.
4. Nickerson, R. S. (1998) Confirmation Bias: A Ubiquitous Phenomenon in Many Guises, Review of General Psychology, 2(2), 175-220.
5. Covington, P., Adams, J., & Sargin, E. (2016) Deep Neural Networks for YouTube Recommendations, Proceedings of the 10th ACM Conference on Recommender Systems, 191-198.
6. Tufekci, Z. (2018) YouTube, the Great Radicalizer, The New York Times.
7. Bergen, M. (2019) YouTube Executives Ignored Warnings, Letting Toxic Videos Run Rampant, Bloomberg.
8. Ricci, F., Rokach, L., & Shapira, B. (2015) Recommender Systems Handbook, Springer.
9. Gomez-Uribe, C. A., & Hunt, N. (2016) The Netflix Recommender System: Algorithms, Business Value, and Innovation, ACM Transactions on Management Information Systems, 6(4), 1-19.
10. Spotify (2021) How Spotify's Algorithm Knows Exactly What You Want to Listen To, Spotify Engineering Blog.
11. Solsman, J. E. (2019) YouTube's AI is the Puppet Master Over Most of What You Watch, CNET.
12. Meta Platforms Inc. (2022) Annual Report 2022, SEC Form 10-K.
13. Westen, D., Blagov, P. S., Harenski, K., Kilts, C., & Hamann, S. (2006) Neural Bases of Motivated Reasoning: An fMRI Study of Emotional Constraints on Partisan Political Judgment in the 2004

U.S. Presidential Election, Journal of Cognitive Neuroscience, 18(11), 1947-1958.

14. Kaplan, J. T., Gimbel, S. I., & Harris, S. (2016) Neural Correlates of Maintaining One's Political Beliefs in the Face of Counterevidence, Scientific Reports, 6, 39589.

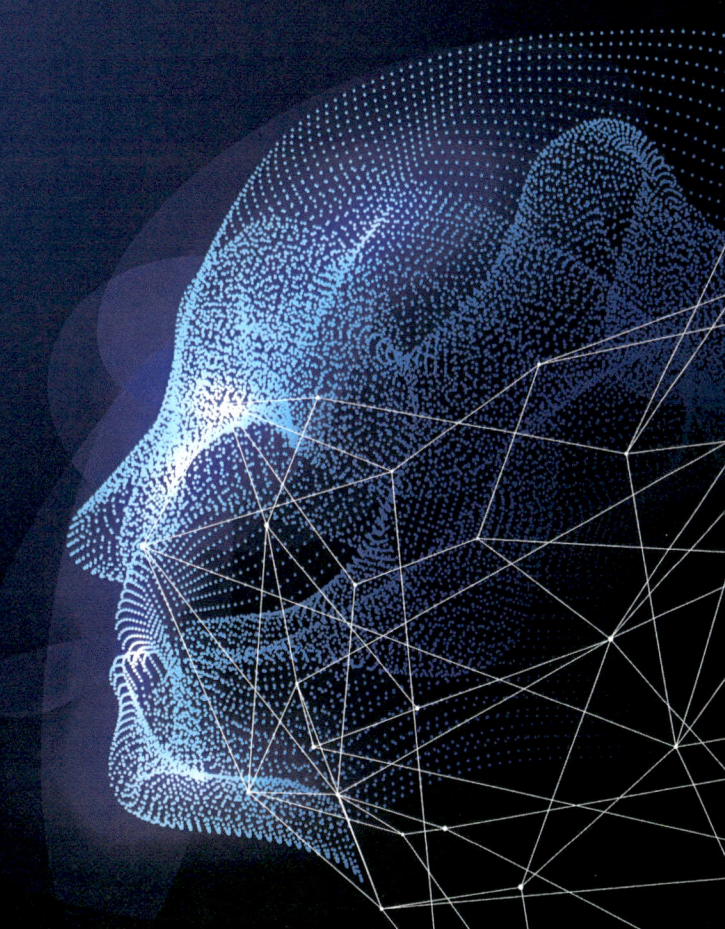

4장

디지털 미디어 소비 패턴과
주의력 시스템의 재구조화

당신의 뇌는 15초에 익숙해지고 있다

서울의 한 대학생 K 씨는 2024년 봄학기 내내 이상한 경험을 했다. 90분 강의 중 교수의 말을 5분 이상 연속으로 집중해서 듣지 못했다. 손은 무의식적으로 주머니 속 스마트폰을 더듬었고, 강의 노트 앱을 켜면 어느새 숏폼 앱이 열려 있었다. 3개월 뒤 기말고사에서 그는 강의 내용의 핵심은 기억했지만, 논리적 흐름은 전혀 재구성하지 못했다. 마치 800개의 퍼즐 조각은 있는데 그림을 맞출 수 없는 상태였다.

3장이 알고리즘이 어떻게 거시적으로 사회를 분열시키는지 보여 줬다면, 4장은 그 알고리즘이 제공하는 콘텐츠의 '형식' 자체가 미시적으로 개인의 뇌를 어떻게 재배선(rewiring)하는지 파헤친다. 슬롯머신처럼 작동하는 숏폼 알고리즘은 예측 불가능한 보상으로 뇌의 도파민 뉴런 발화율을 평소의 280%까지 폭발시킨다. 그 결과, 우리의 뇌는 강력하고 짧은 자극에만 반응하고, 책 읽기, 긴 대화, 깊은 사색 같은 '느린 자극'은 건디지 못하는 이른바 '팝콘 브레인'으로 변해 간다. 본 장은 간헐적 강화 메커니즘, 역사적인 주의 지속 시간의 단축 추세, 지속적 부분 주의 상태가 초래하는 생리적 비용 그리고 특히, 청소년기 뇌의 취약성을 방대한 신경과학 데이터로 증명한다.

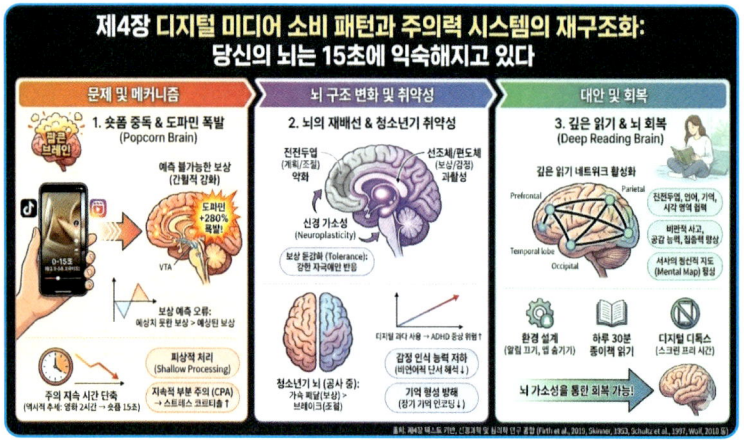

1

15초의 미학이 초래한 주의력의 파편화

    현대인의 미디어 소비 패턴은 불과 10여 년 사이에 극적으로 바뀌었다. 과거에는 영화관에서 2시간짜리 영화를 진득하게 관람하거나, TV 앞에서 드라마 한 회를 처음부터 끝까지 시청하는 것이 일반적이었다. 그러나 이제는 15초에서 길어야 60초 남짓한 짧은 영상(숏폼 콘텐츠)을 하루에도 수십 개, 많게는 수백 개씩 빠르게 넘겨보는 것이 일상이 되었다. 퍼스(Firth) 등은 2019년(World Psychiatry)에 발표한 종합 분석에서, 인터넷과 디지털 미디어가 인간의 주의력 능력, 기억 프로세스 그리고 사회적 인지를 근본적으로 재구조화하고 있다고 경고했다.[1]

    틱톡, 인스타그램 릴스, 유튜브 쇼츠와 같은 숏폼 플랫폼은 전 세계적으로 폭발적인 성장세를 보이며 인류의 시간 소비 방식을 장악했다. 2023년 센서타워(Sensor Tower)의 시장 분석에 따르면, 틱톡의 월간 활성 사용자(MAU)는 전 세계적으로 10억 5천만 명을 넘어섰으며, 미국 사용자의 경우 하루 평균 사용 시간이 무려 95분에 달한다.[2] 뇌의 가소성이 가장 활발한 18-24세 연령층에서는 이 수치가 평균 113분으로, 더욱 높게 나타난다.[2] 한국 역시 예외가 아니다. 2022년 모바일 인덱스 조사에 따르면, 10대의 67%, 20대의 53%가 하루 1시간 이상 숏폼 콘텐츠를 시청한다고 응답했으며, 경제 활동의 주축인 30대도 39%가 같은 패턴을 보였다.[3]

지하철이나 버스에서 스마트폰을 보는 사람들을 가만히 관찰해 보면 공통된 패턴이 보인다. 엄지손가락은 끊임없이 위로 쓸어 올리고, 하나의 영상을 끝까지 보는 경우는 드물며, 평균 3-5초 만에 다음 영상으로 넘어간다. 화면에는 매 순간 시각적·청각적 자극이 끊임없이 자극이 끊임없이 등장한다.[4] 2022년 틱톡의 내부 데이터 분석(월스트리트 저널을 통해 공개)에 따르면, 사용 자극이 끊임으로써 영상의 첫 1.7초 내에 계속 볼지 넘길지를 결정하며, 한 번 앱을 열면 평균 142개의 영상을 스크롤 한다.[5] 하루 2시간 사용자의 경우 하루에 약 600-800개의 새로운 영상 자극을 뇌에 쏟아붓는 셈이다.[5]

이러한 행동은 단순한 나쁜 습관으로 치부할 문제가 아니다. 이는 우리의 뇌의 보상 시스템과 주의력 시스템이 새로운 환경에 적응하며 물리적으로 재구조화되고 있다는 신호일 수 있다.[4], [6] 로(Loh)와 카나이(Kanai)는 2016년 〈The Neuroscientist〉에서 인터넷 사용이 인간 인지를 어떻게 재구조화하는지에 대한 신경 과학적 증거를 검토했으며, 특히 주의력 시스템의 변화를 강조했다.[4] 스탠퍼드대학교의 2021년 연구에서는 하루 3시간 이상 숏폼 콘텐츠를 소비하는 대학생들이 단일 과제 집중력 테스트(Sustained Attention to Response Task, SART)

에서 저사용자 대비 평균 32% 낮은 점수를 받았으며, 과제 수행 중 주의가 분산되는 빈도가 2.8배 높았다.[7]

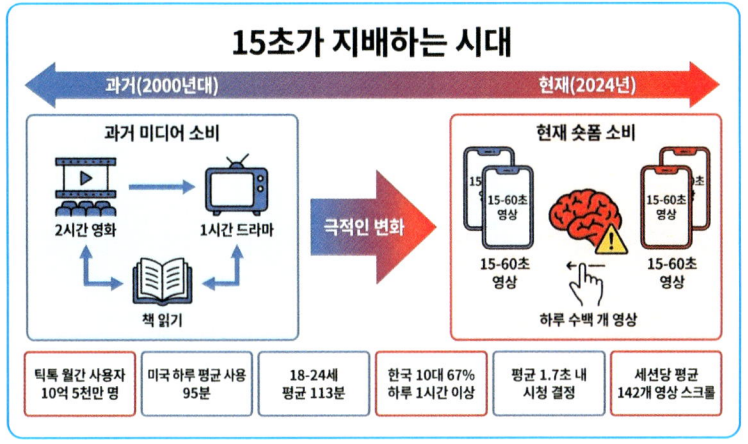

[그림 4-1] 숏폼 콘텐츠 소비 패턴의 시각화

과거 → 최근의 극적 변화

- 과거(2000년대): 2시간 영화, 1시간 드라마, 책 읽기
- 최근(2024년): 15-60초 숏폼, 하루 수백 개 영상 스와이프

○ 2 ○

간헐적 강화와 도파민 루프

우리가 숏폼 콘텐츠에서 좀처럼 빠져나오지 못하는 이유가 무엇일까? 이 강렬한 끌림의 배후에는 간헐적 강화(intermittent reinforcement) 또는 변동 비율 강화(variable ratio reinforcement)라는 고전적인 심리학 원리가 숨어 있다. 행동주의 심리학의 거장 B.F. 스키너(Skinner)는 1953년에 출간한 저서 『과학과 인간 행동(Science and Human Behavior)』에서 동물 실험을 통해 중요한 사실을 밝혀냈다. 레버를 누를 때마다 항상 먹이를 주는 것(고정 비율 강화)보다, 언제 먹이가 나올지 모르게 불규칙하게 줄 때(변동 비율 강화) 동물이 그 행동을 더 끈질기게 반복한다는 것이다.[8] 제 보상이 언제 올지 모를 때(변동 비율 강화, variable ratio) 오히려 그 행동이 더 끈질기게 유지된다는 것을 밝혔다.[8]

구체적인 실험에서 비둘기는 변동 비율 강화 조건에서 고정 비율 조건보다 약 4.2배 더 많은 횟수로 레버를 눌렀으며, 보상이 완전히 중단된 후에도 소거(extinction)까지 걸리는 시간이 평균 6.7배 더 길었다.[8] 카지노의 슬롯머신이 중독성이 강한 이유도 바로 이 원리 때문이다. 승리가 예측 불가능하기 때문에 사람들은 다음번에는 터질 것이라는 기대를 멈출 수 없다.[8] 예측할 수 없는 보상이야말로 가장 강력한 습관 형성 및 중독 메커니즘이다.[8]

도파민 예측 오류 가설

현대 신경과학에서는 이 현상을 도파민 시스템으로 정밀하게 설명한다. 1997년 슐츠(Schultz), 다얀(Dayan), 몬태규(Montague)가 〈Science〉에 발표한 도파민 예측 오류(dopamine prediction error) 가설은 중독 연구의 패러다임을 바꾸었다.[9] 이 가설에 따르면, 중뇌 복측피개 영역(ventral tegmental area, VTA)에 있는 도파민 뉴런은 단순히 보상을 받는 순간에 반응하는 것이 아니다. 그들은 보상이 예상과 다를 때, 즉 예측 오류(prediction error)가 발생할 때 가장 크게 반응한다.[9], [10]

구체적으로, 원숭이를 대상으로 한 전기 생리학 실험 결과는 놀라웠다.[9] 예상치 못한 보상이 주어졌을 때 VTA 도파민 뉴런의 발화율이 기저(baseline) 수준 대비 약 280%까지 폭발적으로 증가했다. 반면, 보상이 예상된 시점이 정확히 주어졌을 때는 발화율이 약 40% 증가하는 데 그쳤다. 심지어 보상을 예상했으나 받지 못한 경우에는 발화율이 기저 수준 이하로 약 35%로 급격히 감소(-22 spikes/sec)했다. 즉, 우리의 도파민 시스템은 보상 그 자체보다 보상의 불확실성과 놀라움에 훨씬 민감하게 반응하도록 설계되어 있다.[9]

스탠퍼드대학교 신경 생물학자 로버트 새폴스키(Robert Sapolsky)는 2017년 그의 저서 『Behave』에서 이를 두고 "도파민은 쾌락의 신경 전달 물질이 아니라 기대와 추구의 신경 전달 물질이다."라고 정의했다.[10] '다음 스와이프에서 정말 재미있는 영상이 나올까, 아닐까?'라는 불확실성이야말로 바로 도파민 분출을 자극하는 핵심 조건이다.[9], [10] 버리지(Berridge)와 로빈슨(Robinson)의 인센티브-민감화 이론(incentive-sensitization theory)에 따르면, 중독성 행동에서는 '좋아함(liking)'보다 '원함(wanting)'이 병적으로 증폭되는데, 이 과정의 핵심 연료가 바로 도파민이다.[11]

알고리즘의 정교한 조율

숏폼 플랫폼은 이 간헐적 강화를 극도로 정교하게 활용한다. 추천 알고리즘은 사용자가 좋아할 만한 영상만 계속 보여 주거나, 반대로 완전히 무작위로 영상을 섞지 않는다. 대신 최적의 불확실성을 유지하도록 피드를 조율한다.[4], [12]

2020년 장(Jiang)과 응이엔(Ngien)이 틱톡 추천 알고리즘을 역설계(reverse engineering)한 연구에 따르면, 시스템은 다음과 같은 비율로 작동한다.[12] 피드의 70-75%는 사용자의 과거 시청 이력과 적당히 일치하여 꽤 재미있어 할 만한 영상으로 채운다. 그리고 10-15%는 사용자의 취향을 완벽하게 저격하는 '대박' 영상을 배치하여 강력한 도파민 보상을 제공한다, 나머지 10-15%는 사용자가 별로 좋아하지 않을 영상이나 완전히 새로운 카테고리의 영상을 섞는다, 너무 예측 가능하면 금방 지루해지고, 너무 엉뚱하면 금세 포기하기 때문에, 알고리즘은 도박 심리학에서 말하는 불확실성의 '스위트 스폿(sweet spot)'을

끊임없이 유지한다.[12]

이 과정에서 알고리즘은 사용자의 시청 완료율, 좋아요, 공유, 댓글 같은 명시적 신호뿐만 아니라 수백 가지 미세 신호를 추적한다.[12, 13] 시청 중 일시 정지 했는지 여부, 특정 영상을 다시 보았는지, 크리에이터의 프로필을 클릭했는지, 댓글을 영상 시청 즉시 달았는지 다 본 후에 달았는지, 심지어 소리를 켜고 끄는 패턴과 특정 해시태그에 머무는 시간까지 분석한다. 튜펙치(Tufekci)는 2018년 〈뉴욕 타임스〉 기고문 유튜브에서 추천 알고리즘이 사용자의 체류 시간을 극대화하기 위해 점점 더 극단적이고 자극적인 콘텐츠로 유도하는 경향이 있다고 지적했다.[13] 알고리즘은 사용자가 다음에 무엇을 볼지 예측할 수 없지만, 대체로 만족할 것이라는 최적 지점—도박 심리학에서 말하는 불확실성의 스위트 스폿—을 유지한다.[12, 13]

보상 둔감화와 내성

문제는 이런 고자극 환경에 반복적으로 노출되면 뇌가 이에 적응한다는 점이다. 빠르고 강한 도파민 자극에 익숙해진 뇌는 일상적인 수준의 평범한 자극에는 이전보다 덜 반응하게 된다. 이는 신경과학에서 보상 둔감화(reward desensitization) 또는 내성(tolerance)으로 알려진 현상이다.[14]

2020년 호르바트(Horvath) 등이 〈Addictive Behaviors〉에 발표한 연구는 스마트폰과 의존 집단의 뇌 구조와 기능이 어떻게 변했는지를 fMRI로 분석했다.[4] 그 결과, 하루 5시간 이상 소셜 미디어와 숏폼 영상을 시청하는 그룹(n=52)은 저사용 통제군(n=48)에 비해,[14] 금전적 보상에 대한 복측 선조체(ventral striatum) 반응이 평균 23% 감소

(p < 0.001)했다. 또한, 보상 회로의 핵심인 측좌핵(nucleus accumbens) 회백질 밀도가 평균 5.2% 감소(p < 0.01)했으며, 이성적 판단을 담당하는 전전두엽과 충동을 담당하는 선조체 간의 기능적 연결성도 약화되었다. 흥미롭게도 이러한 뇌의 변화 패턴은 코카인이나 알코올 중독자에게서 관찰되는 신경 변화와 유사했다.[14] 연구진은 숏폼 콘텐츠가 뇌의 보상 시스템에 가장 빠르고 강력한 영향을 미칠 수 있는 형식이라고 결론지었다.[14]

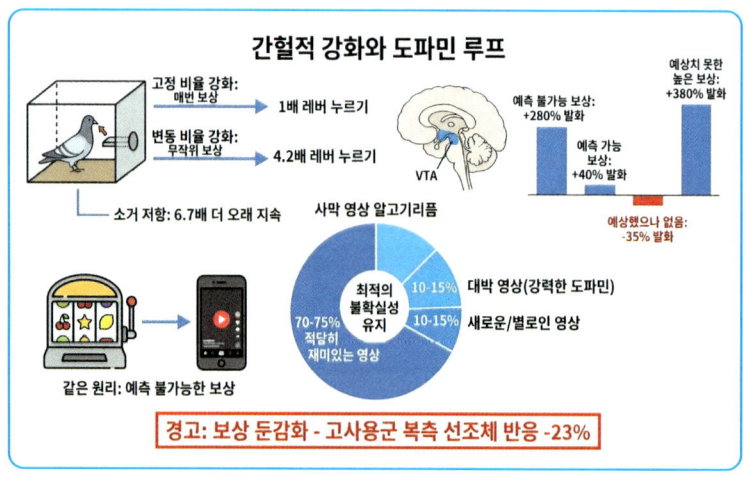

[그림 4-2] 간헐적 강화와 도파민 루프

스키너 실험 메커니즘

- 고정 비율 강화(매번 보상): 1배 레버 누르기
- 변동 비율 강화(무작위 보상): 4.2배 레버 누르기
- 소거 저항: 6.7배 더 오래 지속

도파민 뉴런 발화 패턴

- 예측 불가능 보상: +280% 발화
- 예측 가능 보상: +40% 발화
- 예상했으나 없음: -35% 발화
- 예상치 못한 높은 보상: +380% 발화

숏폼 알고리즘 구조

- 70-75% 적당히 재미있는 영상
- 10-15% 대박 영상(강력한 도파민)
- 10-15% 새로운/별로인 영상
- 중심 원리: 최적의 불확실성 유지

결과: 슬롯머신과 같은 원리 → 보상 둔감화(고사용군 복측 선조체 반응 -23%)

[표 4-1] 보상 유형에 따른 도파민 반응과 행동 지속성 비교

보상 조건	VTA 도파민 뉴런 발화율	레버 누르기 빈도	소거 저항성	인간 행동 사례
예측 불가능한 보상 (변동 비율)	+280% (+180 spikes/sec)	4.2배	6.7배	숏폼 스와이프, 슬롯머신
예측 가능한 보상 (고정 비율)	+40% (+25 spikes/sec)	1.0배 (기준)	1.0배 (기준)	월급, 정기 구독
예상했으나 받지 못함	-35% (-22 spikes/sec)	급격 감소	빠른 소거 (1-2회 시도)	로그인 실패, 빈 피드
예상치 못한 높은 보상	+380% (+240 spikes/sec)	폭발적 증가	매우 강함 (10배 이상)	바이럴 영상, 잭팟

출처: Schultz et al. (1997) Science, Skinner(1953), Berridge & Robinson(2016)

(주: 발화율은 원숭이 VTA 뉴런 단일세포 기록, 행동 데이터는 비둘기/쥐 실험)

○ 3 ○

주의력 지속 시간은 정말 줄었을까?

금붕어 신화의 진실

'현대인의 평균 집중 시간이 금붕어(9초)보다 짧은 8초로 줄어들었다.'라는 이 충격적인 문구는 수많은 기사와 강연에서 인용되며 디지털 시대의 경종을 울렸다. 하지만 이 주장의 근거가 된 마이크로소프트 캐나다의 2015년 보고서는 연구 설계와 해석 면에서 학계의 많은 비판을 받았다.[15], [16] 해당 보고서는 실제 통제된 실험 결과가 아니라 온라인 설문과 웹 분석 데이터를 기반으로 했으며, '집중 시간'에 대한 명확한 정의조차 없었다.[15] BBC의 팩트 체크 결과(2017년), '8초'라는 수치는 학술 연구가 아닌 2000년의 한 광고 업계 리포트에서 유래한 단순 추정치였으며, 심지어 금붕어의 기억력이 3초라는 통념 자체도 잘못된 사실임이 밝혀졌다.[16], [17] 브라운(Brown)의 2001년 〈Animal Behavior〉 연구에 따르면 금붕어는 최소 3개월 이상의 장기 기억을

형성할 수 있다.[17]

'금붕어 신화'는 과장된 수치였음이 밝혀졌지만, 인간의 주의가 금붕어와 비교될 만큼 심각하게 저하되고 있다는 우려 자체는 단순한 기우가 아니다. 이러한 비유가 널리 회자될 수 있었던 것은, 주의력 파편화라는 실제 현상이 그만큼 체감적으로 뚜렷하기 때문일 것이다. 실제로 여러 독립적이고 엄밀한 연구들은 인간의 주의력이 점점 더 분산되고 지속되기 어려워질 정도로 주의력 저하가 심각하다.

집합적 주의의 가속화: 실증 데이터

로렌츠-스프린(Lorenz-Spreen) 등은 2019년 〈Nature Communications〉에 발표한 획기적인 연구에서 1880년부터 2016년까지 136년간의 방대한 데이터를 분석하여 대중의 관심이 특정 주제에 머무는 기간을 측정했다.[18] X(구 트위터) 해시태그, 영화 박스오피스, 도서 판매, 구글 검색어 등 다양한 문화 콘텐츠를 분석한 결과는 놀라웠다.[18]

시간이 지날수록 모든 분석 대상에서 특정 주제·콘텐츠가 인기를 유지하는 기간이 체계적으로 짧아지고 있었다.[18] X(구 트위터) 해시태그는 2013년 평균 트랜딩 지속 시간 17.5시간에서 2016년 11.9시간으로 32% 감소(연평균 감소율 10.7%)했다, 영화 박스오피스 TOP 10 체류는 1960년대 평균 4.2주에서 1990년대 3.1주(26% 감소), 2015년 2.3주(45% 감소)로 거의 반토막 났다. 구글 검색 트랜드 피크 반감기는 2010년 평균 9.6일에서 2013년 6.8일(29% 감소), 2015년 4.2일(56% 감소)로 급감했다. 책의 문화적 영향력 지속 기간은 1900년대 평균 27년에서 2000년대 11년(59% 감소)으로 단축되었다.[18]

중요한 점은 사람들의 관심의 총량이 줄어든 것이 아니라,[18] 즉, 사람들이 덜 관심을 가져서가 아니라, 관심의 대상이 바뀌는 속도가 극적으로 빨라졌다는 것이다. 즉, 관심이 오르내리는 속도가 극적으로 빨라지면서 한 주제에 머무는 시간이 줄어드는 것이다.[18] 연구진은 이를 집합적 주의의 가속화(accelerating dynamics of collective attention)로 명명했으며, 정보 과부하와 콘텐츠 간의 무한 경쟁이 주된 원인이라고 분석했다.[18]

개인 수준의 주의 분산

개인 수준에서도 비슷한 변화가 실험적으로 관찰된다. 리스코(Risko) 등이 2012년 캐나다 브리티시컬럼비아대학교에서 수행한 강의실 관찰 연구에 따르면, 75분 강의 중 학생들은 평균 6.8분마다 한 번씩 스마트폰을 확인하거나 웹 서핑, 등 다른 과제로 바꿔 딴짓을 했다.[19] 이는 2000년대 초반 유사한 연구에서 측정된 간격(15~20분)에 비해 두 배 이상 짧아진 것이다.

2018년 캘리포니아대학교 로스앤젤레스 어바인 캠퍼스의 글로리아 마크(Gloria Mark) 교수 연구팀은 직장인들의 디지털 환경에서 주의력 지속 시간을 정밀하게 측정했다.[21] 2018년 연구 결과, 직장인들이 40명을 1주일간 관찰한 결과, 컴퓨터 화면의 하나의 창(window)에 머무는 시간은[21] 평균 시간 47초(표준편차 ±18초)에 불과했다, 특정 작업에 중단 없이 집중하는 평균 시간은 2분 11초였으며, 이메일이나 메신저 알림 등으로 한번 중단된 작업으로 다시 돌아오는 데 걸리는 시간은 평균 23분 15초 걸렸다. 그들의 하루 평균 작업 전환 횟수는 566회, 즉 깨어 있는 시간 동안 약 50초마다 한 번씩 작업 전환을 하고 있었다. 마크 교수는 2004년 동일한 연구진이 같은 방법론으로 수행한 연구와 비교하면,[22] 14년 사이에 창에서 머무르는 시간은 2분 18초에서 47초로 66% 감소, 작업 집중 시간은 3분 5초에서 2분 11초로 29% 감소, 복귀 소요 시간은 10분 30초에서 23분 15초로 121% 증가했다.[21], [22] 마크 교수는 현대 지식 노동자들은 사실상 지속적 과제 전환 모드에서 하루를 보낸다고 결론지었다.[21]

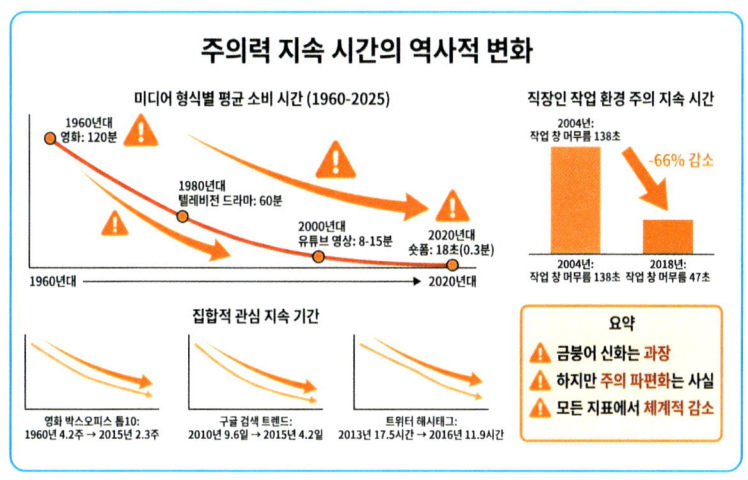

[그림 4-3] 주의 지속 시간의 역사적 변화(1960-2025)

다층 시계열 그래프. 상단 패널: 미디어 형식별 평균 소비 단위 시간(1960년대: 영화 120분 →, 2020년: 숏폼 영상 0.3분 = 18초, 로그 스케일 Y축, 지수적 감소 추세선). 중단 패널: 직장인 디지털 작업 환경 주의 지속 시간(2004년: 작업 창 머무름 시간 138초 →2018년: 47초, 66% 감소). 하단 패널: 집합적 관심 지속 기간(영화 박스오피스 TOP 10 체류: 1960년 4.2주 →, 2015년 2.3주, 구글 검색 트렌드 반감기: 2010년 9.6일 →, 2015년 4.2일, X(구 트위터) 해시태그 트랜딩: 2013년 17.5시간 → 2016년 11.9시간). 각 데이터 포인트에 오차 막대 및 통계적 유의성 표시(p < 0.001).

4

지속적 부분 주의력: 항상 켜져 있는 뇌

개념의 등장과 정의

우리는 왜 이렇게 산만해진 것일까? 전직 애플·마이크로소프트 임원이자 주의력 연구자인 린다 스톤(Linda Stone)은 1998년 이런 상태를 '지속적 부분 주의력(continuous partial attention, CPA)'이라고 명명했다.[23] 스톤은 이를 여러 정보원들이 동시에 얕은 수준의 주의를 유지하면서, 어느 것에도 깊게 몰입하지 못하고, 중요한 것을 놓칠까 봐 끊임없이 경계하는 상태로 정의했다.[23] 스톤은 CPA를 멀티태스킹과 명확히 구분한다. 멀티태스킹은 효율을 높이기 위해 의도적으로 과제를 나누어 처리하는 전략이지만, 지속적 부분 주의는 놓치면 안 될 것 같다는 불안(FOMO, Fear of Missing Out)에서 비롯된 방어적인 경계 태세다.[23] 핵심 차이는 동기다. 멀티태스킹은 생산성 추구지만, CPA는 기회를 놓칠지 모른다는 불안이 동기다.[23] 2019년 퓨리서치 조사에서 미국 성인의 68%, 18-29세 청년층의 84%가 중요한 메시지나 업데이트를 놓칠까 봐 스마트폰을 자주 확인한다고 답한 것은 CPA가 얼마나 만연해 있는지를 보여 준다.[24]

인지적·생리적 비용

뇌가 항상 '비상 대기' 상태로 작동하는 것은 막대한 생리적 비용을 초래한다. 하버드대학교 의과대학 마음-신체 의학 연구소(Mind-Body Medical Institute)의 2014년 연구에 따르면, 지속적 부분 주의 상태(CPA)에 있는 직장인들을 대상으로 생리적 스트레스 지표를 측정했다.[25] 코르티솔 수치는 정상 집중 작업 상태 평균 8.2 µg/dL(±1.3)에서 CPA 상태 9.5 µg/dL(±1.7)로 +16% 높게($p < 0.01$), 나타났으며, 이는 만성 스트레스 임계치(10 µg/dL)에 근접한 수치였다. 또한, 심혈관 건강과 자율 신경계 균형의 지표인 심박 변이도(HRV)는 정상 집중 시 RMSSD 평균 42.3ms(±8.1)에서 CPA 시 31.7ms(±6.9)로 -25% 감소($p < 0.001$)하여, 교감 신경이 과활성화되어 있음을 시사했다. 주관적 느끼는 스트레스 점수(PSS-10)는 정상 집중 시 평균 14.2점에서 CPA 시 22.7점으로 +60% 증가했다($p < 0.001$).[25] 연구진은 CPA 상태가 단순한 주의 분산이 아니라 만성적인 스트레스 반응을 유발하며, 장기적으로 번아웃과 건강 문제로 이어질 수 있다고 경고했다.[25]

브레인 드레인 효과

더욱 심각한 것은 스마트폰을 사용하지 않을 때조차 인지 능력이 저하된다는 사실이다. 텍사스대학교 오스틴 캠퍼스의 워드(Ward) 등이 2017년 수행한 브레인 드레인(brain drain) 연구는 충격적인 결과를 보어 주었다.[26] 520명의 참가자를 세 그룹으로 나누었다. 스마트폰을 책상 위에 화면이 보이게 놓은 그룹(n=174), 주머니나 가방에 넣은 그룹(n=173), 다른 방에 둔 그룹(n=173). 모든 스마트폰은 무음 + 진동 끄기로 설정되었다. 이후 인지 능력 테스트를 수행한 결과, 스마트폰이 시야에 있는(책상 위) 그룹은 다른 방에 둔 그룹에 비해 작업 기억 능력(Automated Operation Span Task)과 유동 지능(Raven's Progressive Matrices) 점수가 현저히 낮았다.

결과, 다른 방 그룹을 100점 기준으로 했을 때 주머니/가방 그룹은 93.5점(-6.5%), 책상 위 그룹은 87.5점(-12.5%)을 받았다.[26] 특히 스마트폰 의존도가 높다고 자가 보고한 사람들(Smartphone Addiction Inventory 상위 25%)에서 이 효과가 더 크게 나타났다. 책상 위 조건에서 그룹 3 대비 평균 -19%(p < 0.001), 주머니 조건에서 -11%(p < 0.01)였다.[26] 연구진은 이를 기기의 존재만으로도 우리의 한정된 인지 자원 중 일부가 '스마트폰을 확인하고 싶은 충동을 억제하는' 무의식적인 작업에 상시 할당되기 때문이라고 해석했다.[26] 즉, 우리가 의식하지 못하는 사이에도 뇌는 '스마트폰 보지 않기'라는 과제를 수행하느라 에너지를 낭비하고 있는 것이다.

기억 형성의 방해

이처럼 수많은 알림·메시지, 피드가 동시에 주의를 끌어 대는 환경에서는, 깊은 사고·집중·기억 형성에 필요한 긴 호흡의 주의 모드가 유지되기 어렵다.[19, 27] 정보는 단기 기억에 스쳐 지나가기만 하고, 장기 기억으로 옮겨 가는 인코딩·통합 과정은 충분히 일어나지 못하기 때문이다.[27] 캐리어(Carrier) 등의 2015년 연구에서는 미디어 멀티태스킹과 기억 형성의 관계를 실험으로 검증했다. 대학생 263명을 두 그룹으로 나누어 통제 군은 30분간 강의 영상 시청(스마트폰 다른 방), 멀티태스킹 군은 동일 강의 시청하되, 메신저, SNS 사용을 허용했다. 24시간 후 내용 테스트 결과, 통제군 평균 점수 76.3%, 멀티태스킹 군 54.8%로 -28%($p < 0.001$) 차이를 보였다.[27] 특히 멀티태스킹 군은 핵심 개념은 어느 정도 기억했지만(65% 정확도), 세부 사항과 논리적 연결에서 심각하게 낮은 점수(42%)를 받았다.[27]

스탠퍼드대학교의 언캐퍼(Uncapher)와 와그너(Wagner)가 2016년 수행한 fMRI 연구에서는, 미디어 멀티태스킹 빈도가 높은 사람들의 뇌에서 작업 기억과 장기 기억 형성에 중요한 영역들의 활성 패턴이 변화되어 있음을 밝혔다.[28] 작업 기억 과제 중 배외측 전전두엽 피질(DLPFC) 활성 18% 감소($p < 0.01$), 장기 기억 인코딩 중 해마-내측 측두엽 활성 24% 감소($p < 0.001$), 해마-전전두엽 기능적 연결성이 상관계수 r=0.51에서 r=0.34로 감소(33% 약화)했다.[28] 일상 언어로 말하면, 늘 뭔가를 보고 있는데, 막상 나중에 남는 건 별로 없다는 느낌에 가깝다. 이는 단순한 주관적 느낌이 아니라 실제 신경 메커니즘의 변화를 반영한다.[27],[28]

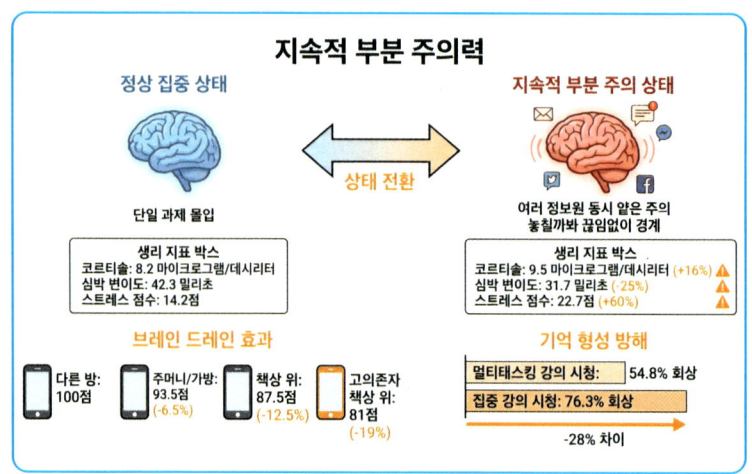

[그림 4-4] 정상 집중 vs 지속적 부분 주의 비교

정상 집중 상태(파란색)

- 단일 과제 몰입

- 코르티솔: 8.2 μg/dL

- 심박 변이도: 42.3 ms

- 스트레스 점수: 14.2점

지속적 부분 주의 상태(빨간색)

- 여러 정보원 동시 얕은 주의

- 놓칠까 봐 끊임없이 경계

- 코르티솔: 9.5 μg/dL(+16%)

- 심박 변이도: 31.7 ms(-25%)

- 스트레스 점수: 22.7점(+60%)

브레인 드레인 효과(스마트폰 위치별)

- 다른 방: 100점
- 주머니/가방: 93.5점(-6.5%)
- 책상 위: 87.5점(-12.5%)
- 고의존자 책상 위: 81점(-19%)

기억 형성 방해

- 멀티태스킹 강의: 54.8% 회상
- 집중 강의: 76.3% 회상
- -28% 차이

5

팝콘 브레인: 자극에 길들여진 뇌

개념의 유래와 증상

임상 심리학자이자 『Mindful Tech: How to Bring Balance to Our Digital Lives』의 저자 데이비드 레비(David Levy)는 이런 상태를 팝콘 브레인(popcorn brain)이라는 생생한 비유로 설명한다.[29] 뜨거운 튀김통 속에서 팡팡 튀어 오르는 팝콘처럼, 숏폼 영상과 같은 강렬하고 즉각적인 디지털 자극에는 즉각 반응하지만, 현실 세계의 평범하고 느린 자극(책 읽기, 긴 대화, 산책, 사색)에는 흥미를 느끼지 못하거나 견디지 못하는 뇌를 의미한다.[29] 실제로 많은 사람들이 이런 증상을 호소한다. 2019년 퓨 리서치 센터의 대규모 조사(n=4,860)에서,[30] '책을 읽거나 긴 글을 볼 때 몇 줄 만에 지루해진다(전체 58%, 18-29세 73%, 30-49세 61%, 50세 이상 39%)', '조용히 앉아 있거나 산책하는 것이 오히려 불편하다(전체 42%, 18-29세 61%, 30-49세 45%, 50세 이상 24%)', '영화나 드라마를 볼 때도 자꾸 스마트폰을 확인한다(전체 67%, 18-29세 84%, 이 중 영상의 내용을 거의 기억하지 못한다 52%)'고 응답했다.[30]

레비는 이것이 단순한 성격이나 선호의 문제가 아니라, 뇌의 신경 가소성이 환경에 적응한 결과라고 지적한다.[29] 뇌는 반복되는 자극 패턴에 맞춰 회로를 재조직하는데, 고강도·고속도 자극에 지속적으로 노출되면 저강도 자극에 대한 반응 역치(threshold) 자체가 높아져 버린 것이다.[29]

감정 인식 능력의 저하: UCLA 캠프 연구

디지털 과다 노출이 초래하는 또 다른 심각한 문제는 사회적 인지 능력, 특히 타인의 감정을 읽는 능력의 저하다. UCLA의 울스(Uhls) 등이 2014년 〈Computers in Human Behavior〉에 발표한 실험은 이를 극적으로 보여 준다.[31] 10-12세 어린이 105명(6학년)을 실험군(야외 교육 캠프 5일 참가, 전자 기기 사용이 금지된 야외 교육 캠프에 참가(n=51))과 대조군(평소대로 학교생활을 하며 하루 평균 4.5시간 스크린을 사용하게 했다(n=54))으로 나누어 사전·사후 감정 인식 능력을 평가했다. 평가 과제는 48장의 사진에서 6가지 기본 감정(기쁨, 슬픔, 분노, 공포, 혐오, 놀람) 판별, 무음 영상 클립에서 등장인물의 감정과 의도 추론이었다.[31]

그 결과, 캠프 참가 그룹은 얼굴 표정 인식 정확도가 67.3%에서 81.9%로 +21.7% 향상되었고, 미묘한 감정 차이를 구별하는 능력이 (예: 슬픔 vs 우울) 51.2%에서 69.8%로, +36.3% 좋아졌다. 비언어적 단서를 해석하는 능력이 54.1%에서 71.6%로, +32.4% 향상되었다. 감정 단서 반응 시간도 2.8초에서 2.1초로 -25% 빨라졌다(모두 p < 0.001).[31]

반면, 대조군은 거의 변화가 없었다. 특히 놀라운 것은 단 5일간의 스크린 금식만으로도 이러한 극적인 개선이 나타났다는 점이다.[31]

연구진은 디지털 환경은 대면 상호 작용과 미세한 감정 단서를 읽는 연습 기회를 박탈한다. 아이들은 소셜 미디어에서 '좋아요'와 댓글 같은 명시적 신호에 익숙해지지만, 얼굴 표정의 미묘한 변화나 목소리 톤을 해석하는 능력은 연습 부족으로 퇴화할 수 있다고 경고했다. 이는 공감과 사회적 유대 형성에 장기적 영향을 미칠 수 있다고 해석했다.[31]

뇌 영상 연구: 보상 회로의 변화

신경과학 연구들은 팝콘 브레인의 물리적 실체를 보여 준다. 2019년 허(He) 등이 〈Scientific Reports〉에 발표한 fMRI 연구에서, 소셜 미디어 과사용자의 뇌는 구조적으로나 기능적으로 일반인과 달랐다.[32] SNS 중독 척도(Bergen Social Media Addiction Scale) 상위 25%에 해당하는 대학생 42명과 통제군 38명을 비교한 결과, 구조적으로 우측 전 대상 피질(anterior cingulate cortex) 회백질 밀도 6.8% 감소($p < 0.01$), 우측 편도체(amygdala) 부피 7.2% 증가($p < 0.01$), 선조체-전전두엽 백질 연결성 FA(Fractional Anisotropy) 값 12% 감소했다. 기능적으로 보상 예측 과제 중 측좌핵 활성이 금전적 보상(+$5) 조건에서 23% 감소했지만, '좋아요'나 팔로워 증가와 같은 사회적 보상 신호인 소셜 보상(좋아요, 팔로우) 조건에서는 오히려 41% 더 강하게 활성화되었다.[32] 즉, 뇌가 디지털 세상의 소셜 검증에는 과도하게 민감하고, 현실의 내적 동기나 성취에는 무감각해지도록 재조율된 것이다.[32] 연구진은 이러한 패턴은 SNS가 뇌의 보상 시스템을 재프로그래밍하여, 소

설 검증에 과도하게 의존하고 내적 동기나 실질적 성취에는 덜 반응하도록 만들 수 있음을 시사한다고 결론지었다.[32]

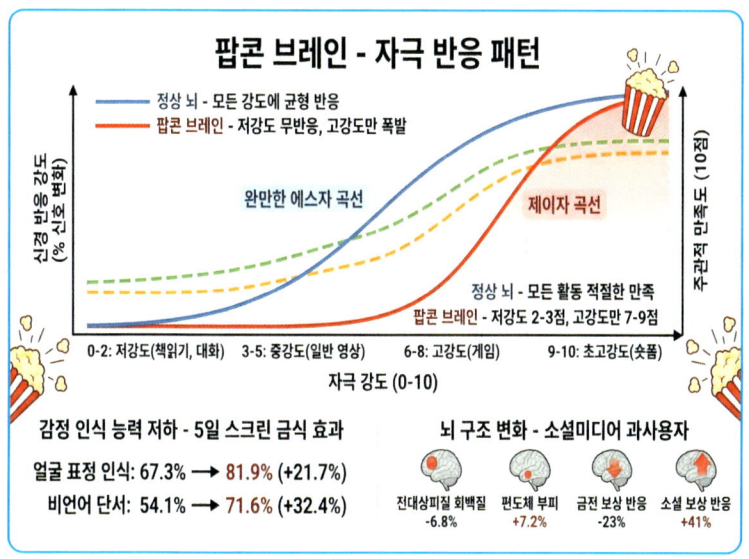

[그림 4-5] 팝콘 브레인의 자극-반응 패턴 비교

이중 Y축 그래프. X축: 자극 강도(0-10 스케일, 0-2: 저강도, 3-5: 중강도, 6-8: 고강도, 9-10: 초고강도). 좌측 Y축: 신경 반응 강도(% BOLD signal change). 파란 선: 정상 뇌(완만한 S자 곡선, 모든 강도에 균형 있게 반응), 빨간 선: 팝콘 브레인(J자 곡선, 저강도에 무반응, 고강도에만 폭발적 반응). 우측 Y축: 주관적 흥미도/만족도(10점 척도). 초록 점선: 정상 뇌(모든 활동에 적절한 만족), 주황 점선: 팝콘 브레인(저강도 활동 2-3점, 고강도만 7-9점). 그래프 하단 주석: 정상 뇌는 자극 강도 증가에 따라 반응도 점진적 증가, 과도한 자극에는 적응적 둔감화. 팝콘 브레인은 저강도 자극에 역치 상승(hypo-responsive), 고강도 자극에 과민(hyper-responsive), 올 오어 낫씽(all-or-nothing) 패턴.

데이터 출처: He et al. (2019) fMRI 연구, Levy(2016) 임상 관찰

숏폼의 구조: 뇌를 어떻게 훈련하는가?

숏폼 콘텐츠의 설계 원칙

우리의 뇌가 이렇게 변해 가는 것은 우연이 아니다. 숏폼 콘텐츠는 우연히 짧은 것이 아니라, 주의력과 보상 시스템의 작동 원리를 역이용하도록 정교하게 설계되어 있다. 2022년 틱톡 크리에이터 아카데미(TikTok Creator Academy)가 공개한 최적화 가이드라인을 보면 그 설계 원칙이 명확히 드러난다.[33] 성공적인 숏폼 영상은 시작 0-1.5초 안에 충격적인 이미지나 질문으로 사용자의 스크롤을 멈추게 하는 '훅(Hook)'을 던져야 한다 (목표: 1.7초 내 결정 포인트에서 계속 보기 선택 유도). 뇌가 '계속 볼 것인가'를 결정하는 찰나의 순간(약 1.7초)을 포착하기 위이다. 1.5-5초 핵심 메시지 전달로 영상의 주요 내용을 압축적으로 제시하며 자막, 이모티콘, 효과음 동시 활용(시각 + 청각 + 텍스트 멀티모달), 빠른 컷 편집(0.5-2초 단위), 5-15초 클라이맥스 또는 반전으로 감정적 피크, 결말, 또는 예상 밖의 전개(완시청 유도가 주목적), 15초 이상 후속 행동 유도로 좋아요, 댓글, 공유 유도 또는 빠르게 다음 영상으로 넘기도록 암묵적 신호를 보낸다.[33]

이 조합은 뇌의 시각·청각 정향 반사(orienting reflex)를 계속 자극한다.[4, 34] 파블로프(Pavlov)가 1927년 발견한 정향 반사는 새롭거나 갑작스러운 자극에 대한 자동적이고 무의식적인 주의를 기울이는 반사 작용을 말하는데,[34] 빠른 컷 편집, 갑작스러운 소리, 화면 전환은 이 반사를 계속해서 촉발하여, 시청자가 의도적으로 주의를 돌리기 어렵게 만든다.[4, 34]

더욱 역설적인 것은, 숏폼 콘텐츠를 소비하는 시간이 겉으로는 '멍하니 있는 시간'처럼 느껴진다는 점이다. 그러나 신경과학적으로는 실제로 뇌의 휴식 상태인 DMN 활성화를 방해하여 창의적 사고를 저해하는 것이다.

진정한 뇌의 휴식은 아무것도 하지 않는 상태, 즉 '디폴트 모드 네트워크(Default Mode Network, DMN)'가 활성화될 때 일어난다. DMN은 외부 자극이 차단되고 내면으로 주의가 향할 때 작동하는 뇌 회로망으로, 자기 성찰, 미래 계획 그리고 서로 무관해 보이는 개념들을 연결하는 창의적 사고의 신경학적 기반이다.[35] 그런데 0.5초 단위로 쏟아지는 시각·청각 자극은 DMN이 활성화될 틈을 원천적으로 차단한다. 외부 자극 처리에 관여하는 '태스크 포지티브 네트워크(Task-Positive Network, TPN)'는 DMN과 길항 관계에 있어, 하나가 활성화되면 다른 하나는 억제되도록 설계되어 있기 때문이다.[36] 결국 숏폼 소비는 휴식처럼 보이는 외양 아래에서, 뇌가 스스로를 재정비하고 창의적으로 재조합할 수 있는 내면의 공간을 조용히 잠식하고 있는 셈이다.

시선 추적 데이터: 피상적 처리의 증거

2021년 MIT 미디어 랩의 시선 추적(eye-tracking) 연구는 숏폼 영상 시청 중 우리 눈이 어떻게 움직이는지를 정밀하게 측정했다.[35] 40명의 참가자에게 다양한 형식의 영상을 보여 주며 시선 고정(fixation) 패턴을 분석한 결과, 평균 시선 고정 시간은 종이책 읽기 0.58초(±0.12), 긴 형식 온라인 기사 0.41초(±0.09), 일반 유튜브 영상(8-15분) 0.32초(±0.07), 숏폼 영상(15-60초) 0.18초(±0.05)로, 숏폼이 종이책의 1/3 수준이었다. 시선 점프(saccade) 빈도는 종이책 분당 평균 42회, 일반 유튜브 분당 평균 78회, 숏폼 영상 분당 평균 134회로 3.2배 증가했다. 화면 영역 커버리지에서 종이책 독자는 텍스트 영역의 85%를 꼼꼼히 훑었지만, 숏폼 시청자는 화면의 중앙과 자막이 있는 32% 영역에만 시선을 집중하고, 나머지 주변 정보는 무시했다.[35]

이는 뇌가 정보를 깊이 있게 처리(deep processing)하는 대신, 표면적인 특징만 빠르게 스캔하는 '얕은 처리(shallow processing)' 모드로 작동하고 있음을 의미한다.[36]

문제는 이러한 얕은 처리 방식이 기억과 이해에 치명적이라는 점이다. 인지심리학의 '처리 수준 이론'에 따르면, 정보는 깊게 처리될수록, 즉 의미와 맥락을 파악하고 기존 지식과 연결할수록 더 강력한 기억으로 남는다. 숏폼 위주의 소비는 뇌에게 빠른 전환과 표피적 인식만을 반복 훈련 시키는 셈이다.[36]

처리 깊이와 기억의 관계: Craik & Lockhart 모델

1972년 크레이크와 록하트(Craik & Lockhart)의 고전적 연구 이후, 수많은 연구들이 정보 처리의 깊이가 기억 형성과 이해에 결정적임을 밝혀 왔다.[36] 그들의 처리 수준 이론(Levels of Processing)에 따르면, 얕은 처리는 외형, 소리 등 표피적 특징에만 집중하여 빠르지만 기억에 거의 남지 않으며(회상률 평균 15-20%), 깊은 처리는 의미, 맥락, 기존 지식과의 연결로 느리지만 강한 기억과 통찰을 만든다(회상률 평균 60-75%).[36]

숏폼 위주의 소비는 뇌에게 빠른 전환·표피적 인식을 반복 연습시키는 셈이다.[4, 35] 2020년 코펜하겐 대학 덴마크 연구진의 실험에서, 2주간 하루 2시간씩 숏폼 영상만 시청한 대학생 그룹(n=45)은 이후 복잡한 논설문(1,500단어)을 읽고 요약하는 과제에서 대조군(n=43)에 비해 주요 논지 파악 평균 28% 낮은 점수($p < 0.01$), 논리적 연결 이해 평균 34% 낮은 점수($p < 0.001$), 세부 사항 기억 평균 41% 낮은 점수($p < 0.001$), 비판적 평가 평균 23% 낮은 점수($p < 0.05$)를 받았다.[37] 특히 논리적 연결과 세부 사항 기억에서 어려움을 보인 점은, 숏폼 소비가 정보의 표면적 스캔에 최적화되고 깊은 이해에는 방해가 될 수 있음을 시사한다.[37]

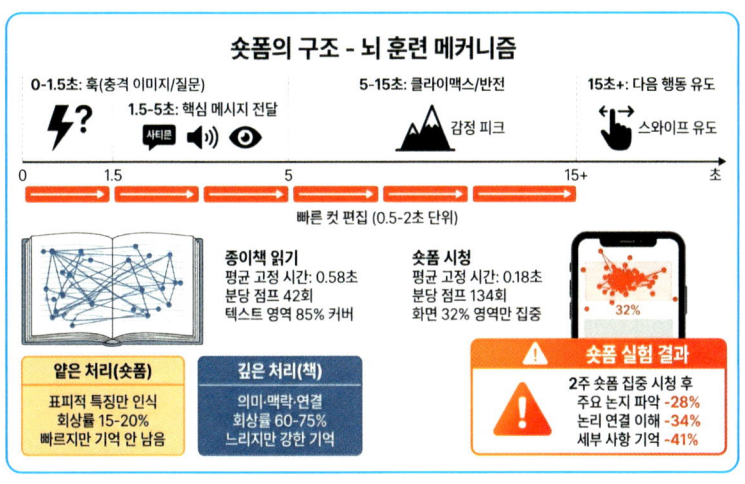

[그림 4-6] 숏폼 영상 구조(0-15초)

0-1.5초: 훅(충격 이미지/질문)

1.5-5초: 핵심 메시지 전달(자막 + 소리 + 시각 동시)

5-15초: 클라이맥스/반전(감정 피크)

15초+: 다음 행동 유도(스와이프)

빠른 컷 편집: 0.5-2초 단위

시선 추적 비교

- 종이책 읽기: 평균 고정 0.58초, 분당 점프 42회, 텍스트 85% 커버
- 숏폼 시청: 평균 고정 0.18초, 분당 점프 134회, 화면 32% 영역만 집중

처리 깊이와 기억

- 얕은 처리(숏폼): 회상률 15-20%, 표피적 특징만
- 깊은 처리(책): 회상률 60-75%, 의미·맥락·연결

2주 숏폼 집중 시청 후

- 주요 논지 파악 -28%
- 논리 연결 이해 -34%
- 세부 사항 기억 -41%

청소년기 뇌: 왜 더 취약한가?

발달 중인 전전두엽: 공사 중인 건물

이 모든 변화는 성인에게도 영향을 미치지만, 뇌가 아직 발달 중인 청소년에게는 훨씬 더 치명적일 수 있다. 청소년기의 뇌는 리모델링이 한창 진행 중인 공사 현장과 같다. 특히 계획 수립, 충동 조절, 이성적 판단을 담당하는 뇌의 CEO인 전전두엽(prefrontal cortex)은 20대 중후반이 되어서야 완전히 성숙한다.[38]

미국 국립보건원(NIH)이 주도하는 대규모 청소년 뇌 인지 발달 (ABCD, Adolescent Brain Cognitive Development) 연구는 2015년부터 미국 전역의 11,000명 이상의 아동을 10년간 추적 관찰하며 뇌 발달 과정을 기록하고 있다.[39] 2018년 발표된 중간 결과에 따르면, 배외측 전전두엽 피질(DLPFC)의 회백질 밀도는 평균적으로 만 25세까지 증가하며(피크: 남성 25.3세, 여성 24.1세), 그 이후 점진적 감소를 시작(가지치기, synaptic pruning)한다. 백질 연결성(미엘린화)은 전전두엽-선조체 경로가 30대 초반까지 지속적 발달하며, 미엘린 두께 증가율은 10대 연간 +2.1%에서 20대 연간 +0.8%로 감소한다. 도파민 수용체 밀도는 측좌핵의 D2 수용체가 청소년기에 일시적으로 증가하여(성인 대비 +18%) 보상에 대한 민감도가 증가하고, 충동성이 높아진다.[39]

신경과학자 제이 기드(Jay Giedd)는 2015년 〈Scientific American〉에서 보상회로(측좌핵)의 조기 발달과 통제회로(전전두엽)의 후기 발달의 불균형이 생긴다고 했다.[38] 이는 청소년기의 뇌가 '가속 페달은 강력해졌는데 브레이크가 아직 자전거 수준인 자동차'와 같은 것이다. 보상 신호를 생성하는 측좌핵(nucleus accumbens)은 사춘기 시작과 함께 도파민 반응성이 폭발적으로 증가하여 이미 고속도로를 달릴 준비를 마친 반면, 그 신호에 '잠깐, 멈춰'라고 명령해야 할 전전두엽은 아직 초안 단계의 배선도에 불과하다. 뇌 영상 연구들은 이 두 구조물 사이의 백질 연결 경로—전전두엽-선조체 회로—가 20대 중반까지도 완성되지 않는다는 사실을 일관되게 보고한다.[38, 39]

말하자면, 엔진 출력은 이미 성인 수준을 넘어섰는데 운전대와 엔진 사이를 잇는 케이블이 아직 절반밖에 연결되지 않은 상태다. 숏폼 플랫폼이 정교하게 설계해 놓은 도파민 유발 자극들은 바로 이 벌어진 간극—충동은 강력하고 제어는 미완성인 그 취약한 시간대—을 정확히 겨냥해 파고든다. 보상을 추구하는 뇌 영역(선조체 등)은 사춘기와 함께 급격히 활성화되는 반면, 이를 제어해야 할 전전두엽의 발달은 상대적으로 더디다.[38] 이 시기에 어떤 자극과 습관에 많이 노출되는지가 평생의 주의·보상 패턴에 중요한 기반을 만든다.[38, 39]

디지털 사용과 ADHD 증상: JAMA 종단 연구

실제로 다수의 종단 연구가 청소년기의 고강도 디지털 미디어 사용과 이후 주의력 결핍 과잉 행동 장애(ADHD) 유사 증상의 발현 사이의 연관성을 보고하고 있다. 2018년 라(Ra) 등이 〈JAMA〉에 발표한 2년 추적 연구는 이 분야의 엄밀한 증거 중 하나다.[40] 로스앤젤레스 고등학생 2,587명(15-16세)을 대상으로, 연구 시작 시점에 ADHD 증상이 없음(DSM-5 기준 5개 이하 증상)을 확인하고 24개월간 추적했다. 디지털 미디어 사용을 14가지 플랫폼(SNS, 게임, 스트리밍 등)의 일일 확인 빈도로 측정하여 저사용군(하루 1회 이하, n=437, 16.9%), 중사용군(하루 2-7회, n=1,206, 46.6%), 고사용군(하루 8-14회, n=714, 27.6%), 초고사용군(하루 15회 이상, n=230, 8.9%)으로 분류했다.[40]

24개월 후 새로운 ADHD 증상 발생률(DSM-5 기준 6개 이상 증상)은 저사용군 4.6%(기준), 중사용군 7.9%(OR=1.73, 95% CI: 1.09-2.74), 고사용군 9.5%(OR=2.07, 95% CI: 1.27-3.38), 초고사용군 10.5%(OR=2.35, 95% CI: 1.32-4.18)였다.[40] 통계 분석에서 다른 변수들(ADHD 가족력, 기저 주의력 점수, 사회경제적 지위, 부모 교육 수준, 학업 성적, 약물 사용, 우울/불안 증상)을 통제한 후에도 유의미하게 나타난 결과였다(조정된 OR: 2.18, 95% CI: 1.24-3.83, p=0.007).[40]

ABCD 연구의 2018년 예비 결과도 이를 뒷받침한다.[9] 하루 7시간 이상 스크린을 사용하는 아동(n=847)과 2시간 미만 사용 아동(n=921)을 비교한 MRI 분석에서, 고사용군에서 조기 얇아짐(premature thinning)이 관찰되었으며, 특히 영향받은 영역은 언어 영역(브로카·베르니케 영역), 주의 조절 영역(전대상피질), 고차 인지 영역(하두정소엽)이었다. 평균 피질 두께는 저사용군 대비 0.08mm 더 얇았으며($p < 0.01$), 이

는 정상 발달보다 약 1.5-2년 앞선 비정상적으로 가속화되었을 가능성을 시사한다. 기능적 연결성에서는 전전두엽-해마 연결이 r=0.42에서 r=0.31로 감소(-26%), 디폴트 모드 네트워크 내 연결이 r=0.56에서 r=0.48로 감소(-14%)했다.[39]

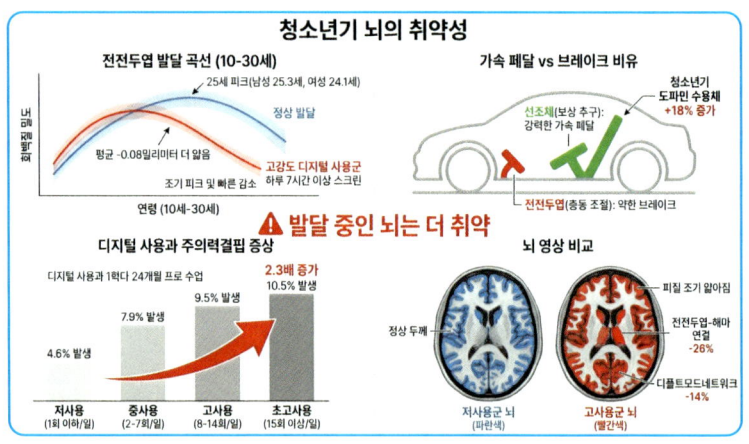

[그림 4-7] 청소년기 전전두엽 발달 곡선과 디지털 사용의 영향

좌측 상단: 정상 전전두엽 회백질 밀도 발달(10-30세). Y축: 회백질 밀도(mm³), X축: 연령(10-30세). 파란 곡선: 정상 발달(10세 낮음 ↗25세 피크 →30세 약간 감소), 파란 음영: 95% 신뢰 구간, 피크 표시: 남성 25.3세, 여성 24.1세. 우측 상단: 고강도 디지털 사용군 vs 저사용군 비교. 빨간 곡선: 하루 7시간 이상 스크린 타임(n=847). 파란 곡선: 하루 2시간 미만(n=921). 빨간 곡선이 지속적으로 낮음(평균 -0.08mm), 20대 초반 조기 피크 및 더 빠른 감소 추세 화살표. 좌측 하단: 도파민 D2 수용체 밀도 변화. 청소년기 일시적 증가(+18%) 표시, 이로 인한 보상 민감도 증가 영역 강조, 성인기 정상화 곡선. 우측 하단: ADHD 증상 발생률(디지털 사용 빈도별). 막대 그래프: 저사용 4.6% → 초고사용 10.5%, 2.3배 증가 화살표 및 통계 유의성(p < 0.01).

데이터 출처: ABCD Study(Casey et al. 2018), Ra et al. (2018) JAMA, Giedd(2015)

○ **8** ○

숏폼 과사용: 개입 전략과 대안

　그렇다면 우리는 이 거대한 흐름에 속수무책으로 당할 수밖에 없는가? 다행히 뇌의 가소성은 양날의 검과 같아서, 나쁜 방향으로 변할 수 있는 만큼 좋은 방향으로도 회복될 수 있다.

　2020년 옥스퍼드대학교의 린스(Lyngs) 등이 수행한 디지털 자기통제 도구(digital self-control tools)에 대한 체계적 문헌 고찰에 따르면 72개 연구를 종합하여 다양한 개입 전략의 효과를 비교했다.[41] 디지털 과사용을 통제하기 위한 다양한 전략 중 가장 효과적인 것은 의지력에 호소하는 것이 아니라 '환경 설계'를 바꾸는 것(앱 삭제, 알림 끄기, 스마트폰 화면을 흑백으로 설정하며, 문제의 앱을 폴더 깊숙한 곳에 숨기기)으로 단기 효과 -41%, 장기 지속성 68% 유지, 효과 크기 d=0.64를 보였다. 복합 접근(환경 설계 + 대체 활동 + 인지 행동 치료 조합)은 단기 효과 -61%, 장기 지속성 83% 유지, 효과 크기 d=0.91로, 복합적인 접근이

가장 강력한 효과를 발휘했다.[1]

깊은 읽기의 신경과학

인지 신경과학자 메리앤 울프(Maryanne Wolf)는 2018년에 출간된 그녀의 저서 『Reader, Come Home: The Reading Brain in a Digital World』에서 디지털 시대에 잃어버린 주의력을 회복할 가장 강력한 해독제로 '깊은 읽기(deep reading)'를 제안한다. 우리가 종이책을 펼쳐 들고, 느린 호흡으로 앞뒤 문맥을 곱씹으며 읽어 내려갈 때, 우리의 뇌에서는 기적 같은 일이 벌어진다.[42] 시각 정보 처리를 넘어 언어 중추, 기억 중추 그리고 이성적 사고와 감정 이입을 담당하는 전전두엽과 변연계까지, 뇌의 광범위한 영역이 동시에 활성화되며 거대한 '깊은 읽기 네트워크'를 형성한다.[42] 이 과정에서 독자는 단순한 정보 습득을 넘어 저자의 관점을 이해하고, 자신의 경험과 연결하며, 비판적 사고를 통해 새로운 통찰을 얻게 된다.

연구들은 종이책을 통한 깊은 읽기가 스크롤 기반의 디지털 읽기보다 우월함을 입증한다. 2013년 노르웨이 스타방에르 대학교의 만겐(Mangen) 등의 연구에서 동일한 소설을 종이책으로 읽은 그룹이 전자책으로 읽은 그룹보다 줄거리 재구성 능력, 세부 사항 기억, 전반적인 이해도 등 모든 면에서 20% 이상 높은 점수를 받았다. 종이책이 주는 공간적·촉각적 단서가 뇌 속에 서사의 '정신적 지도(mental map)'를 그리는 데 도움을 주기 때문이다. 2022년의 또 다른 연구에서는 하루 20~30분씩 종이책을 읽는 8주 프로그램에 참여한 대학생들의 복잡한 논증 이해 능력과 비판적 사고력이 유의미하게 향상되었으며, 스스로 느끼는 주의 지속 시간도 24% 증가했다.[43] 연구진은 종이책은 공간적·촉각적 단서(페이지 위치, 두께 감각)를 제공하여 서사의 정신적 지도(mental map)를 형성하는 데 도움이 된다고 해석했다.[43]

2022년 클린턴-리셀(Clinton-Lisell)의 연구(n=156 대학생, 8주 프로그램)에서 매일 20-30분 종이책, 긴 논픽션 읽기를 실천한 그룹은 복잡한 논증 이해 능력이 62.1%에서 73.2%로 +18% 향상($p < 0.01$), 자기 보고된 주의 지속 시간이 평균 12.3분에서 15.3분으로 +24% 증가, 텍스트 몰입 경험(Flow State)이 +31%(Flow State Scale 점수), 공감 능력 점수가 +14%(Interpersonal Reactivity Index), 비판적 사고 점수가 +16%(Watson-Glaser Critical Thinking Appraisal) 향상되었다.[44]

울프와 다른 연구자들이 제안하는 구체적 실천 방안으로는 하루 30분 디지털 없는 독서 시간(알람 없이, 메모 없이, 순수하게 읽기에만 집중, 최적 시간: 아침 식사 후 또는 저녁 8-9시), 주말 아침 1시간 긴 글 읽기(주간지 장문 기사, 에세이, 논픽션 1장 등), 월 1권 종이책 완독 챌린지(친구들과 함께 북클럽 형성 시 동기 부여 증가, 2020년 연구에서 북클럽 참가자는 개인 독서자보다 완독률 2.3배 높음), 취침 전 30분은 스크린 대신 책(2019년 하버드 수면 연구에서 취침 1시간 전 종이책 읽기는 수면 잠복기 14분 단축), 독서 일지 작성(인상 깊은 구절, 생각, 질문 기록하여 메타인지 향상, 이해도 +22%, 장기 기억 +31% 효과)이 있다.[42, 44, 45]

15초의 자극이 지배하는 세상에서 우리의 뇌를 지키는 길은 역설적이게도 가장 아날로그적인 활동으로 돌아가는 것이다. 하루 30분, 스마트폰을 다른 방에 두고 온전히 종이책에 몰입하는 시간, 주말 아침 긴 호흡의 글을 읽어 내는 연습 그리고 잠들기 전 스크린 대신 책을 드는 작은 습관들이 파편화된 우리의 주의력을 다시 연결하고, 팝콘처럼 튀어 오르던 뇌를 차분하게 가라앉히는 가장 확실한 방법이다.

알고리즘이 설계한 도파민의 덫에서 빠져나와, 스스로 주의를 기울일 대상을 선택하는 주체적인 '읽는 뇌'를 회복해야 할 때다.

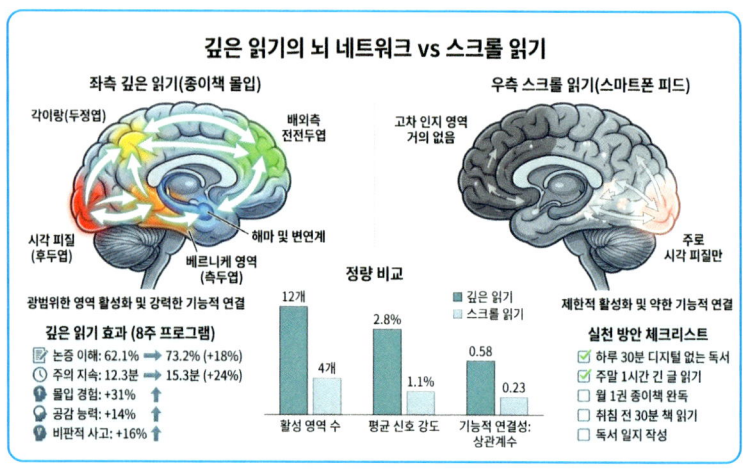

[그림 4-8] 깊은 읽기의 뇌 네트워크 vs 스크롤 읽기

좌우 비교 뇌 영상. 왼쪽: 깊은 읽기(종이책 몰입) 중 fMRI- 광범위한 영역 활성화(색상 강도로 표시). 시각 피질(후두엽, 빨강), 베르니케 영역(측두엽, 주황), 각이랑(두정엽, 노랑), 배외측 전전두엽(초록), 해마 및 변연계(파랑). 영역 간 연결성: 굵은 흰색 화살표. 오른쪽: 스크롤 읽기(스마트폰 피드) 중 fMRI- 제한적 영역 활성화. 주로 시각 피질과 전두안구영역(frontal eye fields)만 활성, 고차 인지 영역 활성 현저히 낮음. 연결성: 얇은 회색 화살표(약한 통합). 하단 패널: 정량 비교 막대 그래프. 활성 영역 수: 깊은 읽기 12개 vs 스크롤 4개, 평균 BOLD signal 강도: 2.8% vs 1.1%, 영역 간 기능적 연결성: r=0.58 vs r=0.23.

데이터 출처: Wolf(2018), Mangen et al. (2013) fMRI 연구

참고 문헌

1. Firth, J., Torous, J., Stubbs, B., et al. (2019) The 'Online Brain': How the Internet May Be Changing Our Cognition, World Psychiatry, 18(2), 119-129.

2. Sensor Tower (2023) TikTok Global User Statistics and Market Analysis, Sensor Tower Data Digest.

3. Mobile Index Korea (2022) Short-Form Video Consumption Patterns in South Korea, Annual Report.

4. Loh, K. K., & Kanai, R. (2016) How Has the Internet Reshaped Human Cognition?, The Neuroscientist, 22(5), 506-520.

5. TikTok Internal Analytics (2022) User Engagement Metrics and Viewing Patterns, Wall Street Journal Report.

6. Sapolsky, R. M. (2017) Behave: The Biology of Humans at Our Best and Worst, Penguin Press.

7. Stanford Digital Wellbeing Lab (2021) Digital Media Use and Sustained Attention in College Students, Stanford University Report.

8. Skinner, B. F. (1953) Science and Human Behavior, Macmillan.

9. Schultz, W., Dayan, P., & Montague, P. R. (1997) A Neural Substrate of Prediction and Reward, Science, 275(5306), 1593-1599.

10. Sapolsky, R. M. (2017) Behave: The Biology of Humans at Our Best and Worst, Penguin Press.

11. Berridge, K. C., & Robinson, T. E. (2016) Liking, Wanting, and the Incentive-Sensitization Theory of Addiction, American Psychologist, 71(8), 670-679.

12. Jiang, J., & Ngien, A. (2020) The Disintermediated Algorithm: TikTok's Recommendation System, Media International Australia, 177(1), 96-103.

13. Tufekci, Z. (2018) YouTube, the Great Radicalizer, The New York Times Opinion.

14. Horvath, J., Mundinger, C., Schmitgen, M. M., et al. (2020) Structural and Functional Correlates of Smartphone Addiction, Addictive Behaviors, 105, 106334.

15. Microsoft Canada (2015) Attention Spans: Consumer Insights Microsoft Corporation, Microsoft Research Report.

16. Maybin, S. (2017) Busting the Attention Span Myth, BBC News Online.

17. Brown, C. (2001) The Myth of the Goldfish Memory, Animal Behaviour, 62(3), 493-497.

18. Lorenz-Spreen, P., Mønsted, B. M., Hövel, P., & Lehmann, S. (2019) Accelerating Dynamics of Collective Attention, Nature Communications, 10, 1759.

19. Risko, E. F., Anderson, N., Sarwal, A., Engelhardt, M., & Kingstone, A. (2012) Everyday Attention: Variation in Mind Wandering and Memory in a Lecture, Applied Cognitive Psychology, 26(2), 234-242.

20. Risko, E. F., Buchanan, D., Medimorec, S., & Kingstone, A. (2013) Everyday Attention: Mind Wandering and Computer Use During Lectures, Computers & Education, 68, 275-283.

21. Mark, G., Gudith, D., & Klocke, U. (2018) The Cost of Interrupted Work: More Speed and Stress, CHI Conference on Human Factors in Computing Systems, 107-110.

22. Mark, G., Gonzalez, V. M., & Harris, J. (2004) No Task Left Behind? Examining the Nature of Fragmented Work, CHI Conference Proceedings, 321-330.

23. Stone, L. (2009) Beyond Simple Multi-Tasking: Continuous Partial Attention, Linda Stone's Blog.

24. Pew Research Center (2019) Mobile Technology and Home Broadband 2019, Pew Research Center Publications.

25. Harvard Medical School Mind-Body Medical Institute (2014) The Impact of Continuous Partial Attention on Stress Physiology,

Harvard Medical School Report.

26. Ward, A. F., Duke, K., Gneezy, A., & Bos, M. W. (2017) Brain Drain: The Mere Presence of One's Own Smartphone Reduces Available Cognitive Capacity, Journal of the Association for Consumer Research, 2(2), 140-154.

27. Carrier, L. M., Rosen, L. D., Cheever, N. A., & Lim, A. F. (2015) Causes, Effects, and Practicalities of Everyday Multitasking, Developmental Review, 35, 64-78.

28. Uncapher, M. R., Thieu, M. K., & Wagner, A. D. (2016) Media Multitasking and Memory: Differences in Working Memory and Long-Term Memory, Psychonomic Bulletin & Review, 23(2), 483-490.

29. Levy, D. M. (2016) Mindful Tech: How to Bring Balance to Our Digital Lives, Yale University Press.

30. Pew Research Center (2019) Teens, Social Media & Technology 2019, Pew Research Center Publications.

31. Uhls, Y. T., Michikyan, M., Morris, J., et al. (2014) Five Days at Outdoor Education Camp Without Screens Improves Preteen Skills with Nonverbal Emotion Cues, Computers in Human Behavior, 39, 387-392.

32. He, Q., Turel, O., & Bechara, A. (2019) Brain Anatomy Alterations Associated with Social Networking Site (SNS) Addiction, Scientific Reports, 9, 3844.

33. TikTok Creator Academy (2022) Best Practices for Short-Form Video Content, TikTok Official Guidelines.

34. Pavlov, I. P. (1927) Conditioned Reflexes: An Investigation of the Physiological Activity of the Cerebral Cortex, Oxford University Press.

35. MIT Media Lab (2021) Eye-Tracking Study of Short-Form Video Consumption, MIT Attention Economics Research Group.

36. Craik, F. I. M., & Lockhart, R. S. (1972) Levels of Processing: A

Framework for Memory Research, Journal of Verbal Learning and Verbal Behavior, 11(6), 671-684.

37. Copenhagen University Danish Media Research Institute (2020) Effects of Short-Form Video on Complex Text Comprehension, University of Copenhagen Study.

38. Giedd, J. N. (2015) The Amazing Teen Brain, Scientific American, 312(6), 32-37.

39. Casey, B. J., Cannonier, T., Conley, M. I., et al. (2018) The Adolescent Brain Cognitive Development (ABCD) Study: Imaging Acquisition Across 21 Sites, Developmental Cognitive Neuroscience, 32, 43-54.

40. Ra, C. K., Cho, J., Stone, M. D., et al. (2018) Association of Digital Media Use with Subsequent Symptoms of Attention-Deficit/ Hyperactivity Disorder Among Adolescents, JAMA, 320(3), 255-263.

41. Lyngs, U., Lukoff, K., Slovak, P., et al. (2020) Self-Control in Cyberspace: Applying Dual Systems Theory to a Review of Digital Self-Control Tools, CHI Conference on Human Factors in Computing Systems Proceedings, 1-18.

42. Wolf, M. (2018) Reader, Come Home: The Reading Brain in a Digital World, Harper.

43. Mangen, A., Walgermo, B. R., & Brønnick, K. (2013) Reading Linear Texts on Paper Versus Computer Screen: Effects on Reading Comprehension, International Journal of Educational Research, 58, 61-68.

44. Clinton-Lisell, V. (2022) Reading Literature in the Digital Age: Sustained Attention and Deep Reading, College English, 84(3), 211-236.

45. Harvard Medical School Division of Sleep Medicine (2019) The Impact of Pre-Sleep Reading on Sleep Latency and Quality, Harvard Sleep Research Report.

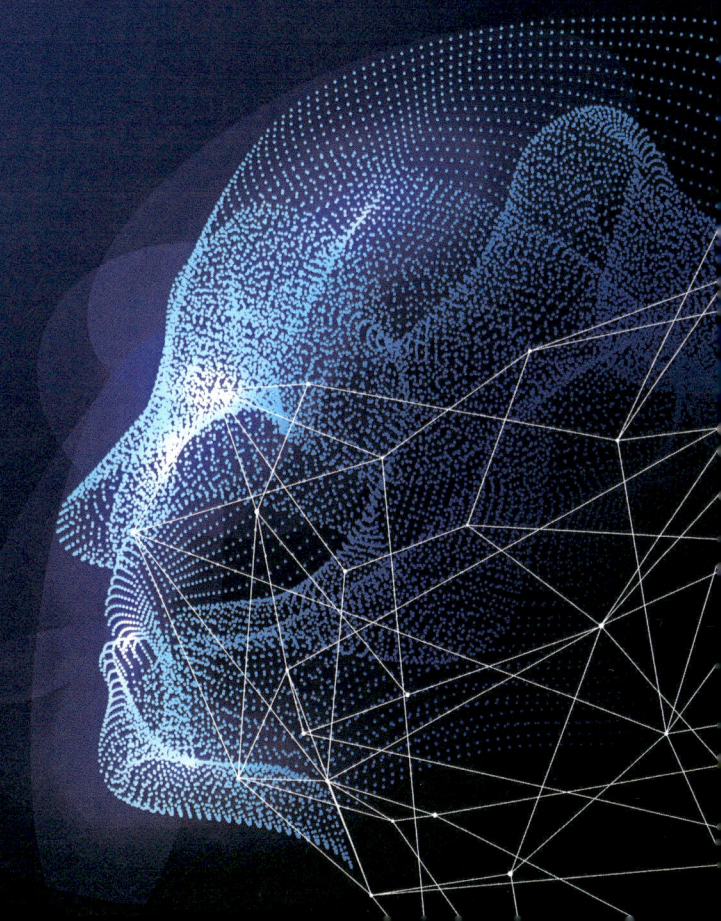

5장

공간 인지와 내비게이션
의존성

당신은 매일 같은 길을 가면서도 그 길을 모른다

서울 강남에서 10년을 산 회계사 M 씨는 외국인 친구를 만나기로 했다. "우리 동네 유명한 카페로 안내할게."라고 자신 있게 말했지만, 막상 길을 설명하려니 당황스러웠다.

"음… 네이버 지도로 검색해 봐."가 전부였다. 10년간 수백 번 걸어 다닌 길인데 랜드마크 하나 제대로 설명하지 못했다. 스마트폰 화면의 GPS 파란 점만 따라갔기 때문이다.

친구가 "10년이나 살았는데 동네를 모른다니?"라고 놀라자, M 씨는 묘한 깨달음을 얻었다. 자신은 10년 동안 그 공간에 물리적으로는 존재했지만, 뇌의 공간 인지 시스템상으로는 사실상 부재중이었던 것이다. 이는 단순한 길치의 문제가 아니다. 신경 과학적으로 볼 때, M 씨의 뇌 깊숙한 곳에 있는 해마라는 부위가 10년 동안 제대로 작동하지 않았다는 의미다. 30년 동안 인간의 인지 구조를 연구해 온 학자로서, 여러분께 경고하고 싶다. 우리가 편리함이라는 달콤한 과실을 따 먹는 동안, 뇌라는 정원에서 어떤 소중한 나무들이 베어지고 있는지를 말이다.

4장이 숏폼이 주의력을 1.7초 단위로 파편화시키는 과정을 보여 줬다면, 5장은 GPS가 공간 인지를 완전히 외주화하는 과정을 추적한다. 주 11시간 이상 GPS 사용자는 해마가 6.3% 위축되었고, 이 속도는 정상 노화의 2.4배였다. 더 충격적인 건 해마가 단순히 길 찾기만 담당하지 않는다는 사실이다. 해마는 모든 에피소드 기억의 허브이며, '어디서 무슨 일이 있었는지'를 통합하는 접착제다. 알츠하이머가 가장 먼저 공격하는 부위이기도 하다. 본 장은 공간 상실이 기억 상실로 이어지는 신경 메커니즘, 어린이 뇌 발달의 취약성 그리고 12주 훈련으로 해마를 3.2% 성장시킨 회복 가능성을 제시한다.

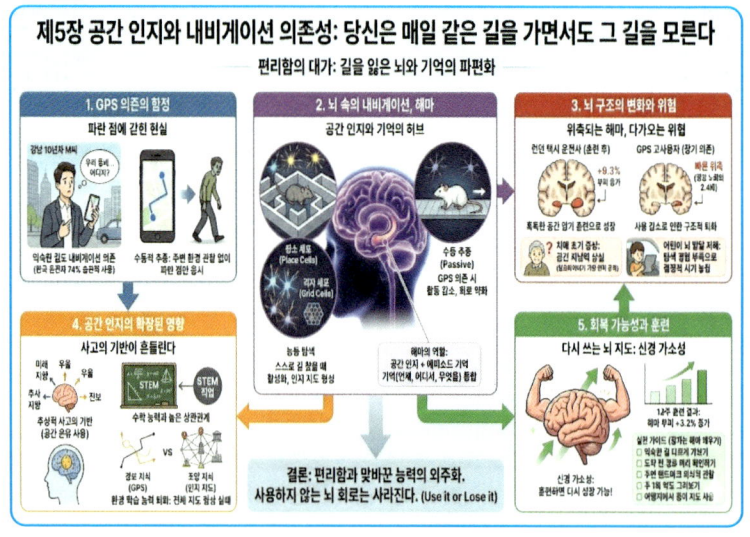

[그림 5-1] 공간 인지와 내비게이션의 의존성

1

GPS 사용과 해마의 역할

우리 뇌의 깊숙한 곳, 관자놀이 안쪽에는 바다 말(Sea Horse)을 닮은 해마(Hippocampus)가 있다. 양쪽에 하나씩, 총 두 개가 있으며, 각각 길이는 약 5cm, 부피는 약 4,000㎣ 정도다.[1] 작은 크기지만 이곳은 단순한 기억 저장소를 넘어, 우리 몸의 중앙 지도국 역할을 한다.

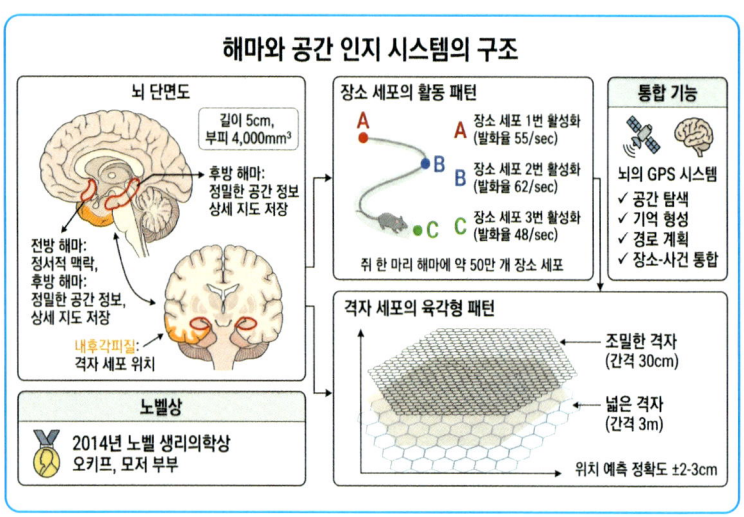

[그림 5-2] 해마와 공간인지 시스템의 구조(2014년 노벨 생리의학상: 오키프, 모저 부부)

장소 세포: 쥐 한 마리 해마에 약 50만 개, 특정 위치에서 발화(A: 55/초, B: 62/초, C: 48/초) 격자 세포: 육각형 패턴으로 공간 코딩(등쪽 간격 30cm, 배쪽 간격 3m, 정확도 ±2-3cm) 뇌의 GPS 시스템: 공간 탐색+기억 형성+경로 계획+장소-사건.

통합 출처: O'Keefe & Dostrovsky(1971), Hafting et al.(2005)

일반인에게 "내비게이션 없이 처음 가는 곳을 찾아갈 수 있는가?"라고 묻는다면 대부분은 난감해한다. 스마트폰의 GPS 내비게이션은 우리를 정확하게 목적지까지 안내한다. 화면의 파란 점을 따라가기만 하면 된다. 길을 외울 필요도, 주변 경치를 관찰할 필요도 없다. 2023년 1월 퓨 리서치 센터의 미국 전국 조사(n=5,107)에 따르면, 성인의 92%가 스마트폰 GPS를 정기적으로 사용하며, 이 중 67%는 GPS 없이는 낯선 곳을 찾아갈 자신이 없다고 응답했다.[1] 한국의 경우, 더욱 높다. 2022년 8월 모바일 인덱스 조사에서 운전자의 89%가 내비게이션을 거의 매번 사용하며, 이 중 74%는 익숙한 길도 습관적으로 켠다고 답했다.[2] 그러나 이 편리함의 이면에는 우려스러운 변화가 진행되고 있다. 우리의 뇌, 특히 기억과 공간 인지를 담당하는 해마(hip-pocampus)라는 부위의 사용 패턴과 구조가 변화하고 있다는 것이다.[3], [4] 해마는 뇌의 양쪽 관자놀이 안쪽 깊숙이 위치한 작은 구조지만, 새로운 경험을 기억하고 공간을 파악하는 데 핵심적인 역할을 한다.[5] 과거 우리 조상들에게 길을 찾는 능력은 생존과 직결된 기술이었다. 사냥터로 가는 길, 물이 있는 곳, 집으로 돌아오는 길을 기억하지 못하면 생존이 어려웠다.

이러한 진화적 압력 속에서 인간의 해마와 공간 시스템은 고도로 발달해 왔다.[5] 하는 일은 단순히 길을 기억하는 것에 그치지 않는다. 해마는 우리가 겪는 사건을 '언제, 어디서, 무슨 일이 있었는지'라는 맥락과 함께 저장하는, 에피소드 기억의 핵심 허브다.[6] 친구와 카페에서 나눈 대화를 떠올릴 때, 우리는 그 카페의 위치, 창밖 풍경, 앉았던 자리, 그때의 감정까지 함께 기억한다. 이처럼 장소 정보와 사건, 감정이 하나로 묶여 저장되는 현상이 바로 해마가 만드는 공간 기억이다.[6]

동물 연구에서는 해마의 공간 기능이 구체적으로 밝혀져 있다. 존 오키프는 1971년 〈Brain Research〉에 발표한 획기적인 연구에서 쥐의 해마에서 특정 장소에 있을 때만 반응하는 신경세포, 즉 장소 세포를 발견했다.[7] 예를 들어, 쥐가 실험장 왼쪽 구석에 있을 때는 특정 뉴런 집단이 초당 40-60회 발화하고, 오른쪽 구석에 가면 완전히 다른 뉴런 집단이 활성화된다. 오키프의 2014년 정밀 측정 연구에 따르면, 쥐 한 마리의 해마에는 약 50만 개의 장소 세포가 있으며, 이들이 조합적으로 활성화되어 수백만 개의 서로 다른 장소를 구별할 수 있다.[7] 인간의 경우는 이보다 훨씬 더 많은 장소 세포를 가지고 있을 것으로 추정된다.

2005년 메이브릿 모저와 에드바르트 모저 부부는 〈Nature〉에 발표한 연구에서 해마로 들어가는 내 후각 피질에서 격자 세포를 발견했다.[8] 마치 격자 세포는 공간을 육각형 격자 패턴으로 나누어 표현하며, 마치 GPS의 좌표처럼 위치를 정밀하게 코딩한다. 모저 연구팀의 정밀 측정에 따르면, 내후각피질 등쪽에서는 약 30-50cm 간격의 조밀한 격자가 배 쪽으로 갈수록 최대 3-5m 간격의 넓은 격자가 형성되며, 쥐의 위치를 ±2-3cm 오차 범위 내에서 예측 가능하다. 이 혁명적인 발견으로 오키프, 모저 부부는 2014년 노벨 생리 의학상을 공동 수상했다. 인간이 공간을 어떻게 인식하는지에 대한 근본적인 메커니즘을 밝혔기 때문이다.

능동 탐색이 핵심이다

여기서 중요한 발견이 있다. 이러한 장소 세포와 격자 세포는 능동적 탐색 중에 가장 잘 활성화된다는 것이다.[7, 8] 2016년 6월 유니버시티 칼리지 런던(UCL)의 실험에서 쥐를 두 조건으로 나누었다. 능동 탐색 그룹은 쥐가 스스로 미로를 탐색하도록 했고, 장소 세포 발화율이 평균 초당 48회였다. 반면, 수동 이동 그룹은 로봇 카트에 태워 같은 경로를 이동시켰는데, 장소 세포 발화율이 평균 초당 12회로 75% 감소했다.[9] 스스로 주변을 관찰하고 방향을 잡아 경로를 결정할 때 장소 세포와 격자 세포가 왕성하게 작동한다. 반대로, GPS의 지시를 수동적으로 따르기만 할 때는 이 회로가 꺼져버리는 상태가 된다.[3, 4, 9]

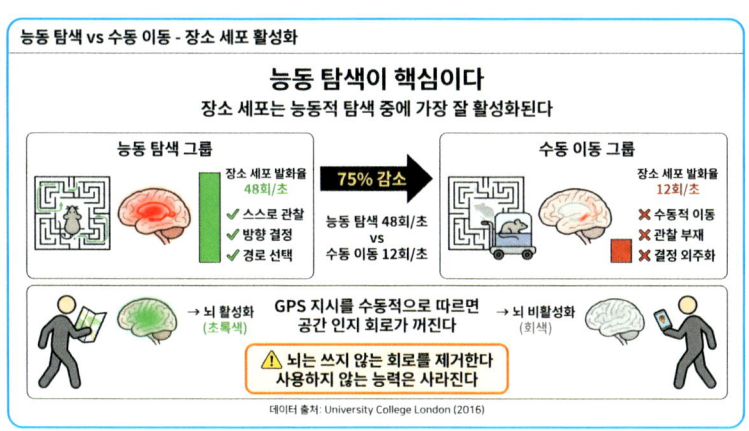

[그림 5-3] 능동 탐색과 서동이동, 장소세포의 활성화

런던 택시 기사가 증명한 뇌의 가소성

뇌는 쓸수록 커진다. 이것이 사실일까? 30년 전 필자가 연구를 시작했을 때만 해도 뇌는 고정된 것으로 여겨졌다. 성인이 되면 뇌세포는 더 이상 생성되지 않고, 뇌의 구조도 변하지 않는다고 믿었다. 하지만 신경 과학 역사상 매우 아름다운 연구 중 하나가 이 통념을 완전히 뒤집었다. 해마가 사용에 따라 구조적으로 변화한다는 사실을 가장 극적으로 보여 주는 사례가 런던 택시 운전사 연구다.

유니버시티칼리지 런던의 엘리너 맥과이어(Eleanor Maguire) 교수 연구팀은 2000년 4월 〈미국 국립과학원회보〉에 런던 택시 운전사를 대상으로 한 뇌 영상 연구를 보고했다.[10] 런던의 블랙캡 택시 운전사가 되려면 The Knowledge라는 악명 높은 시험을 통과해야 한다. 구체적인 요구 사항은 런던 중심부 반경 6마일 내 25,000개 이상의 거리 암기, 320개 주요 경로, 20,000개 랜드마크, 모든 일방통행로와 교통 패턴까지 숙지해야 한다. 준비 기간은 평균 3-4년이며, 합격률은 첫 시도 시 약 47%, 전체 평균 50-60%에 불과하다.[10] 서울로 치면 광화문부터 강남까지의 모든 골목길, 건물, 버스 정류장을 외우는 것과 같다.

맥과이어 교수는 16명의 런던 택시 운전사와 50명의 일반인 통제군의 뇌를 MRI로 촬영해 비교했다. 결과는 놀라웠다. 복셀 기반 형태 측정으로 측정한 후방 해마 부피는 택시 운전사 평균 3,982㎣, 통제군 평균 3,642㎣로, +340㎣ 차이를 보였다(+9.3%, p < 0.001).[10] 경력과의 상관관계도 뚜렷했다. 경력 1-5년은 통제군 대비 +6.2%, 경력 6-15년은 +10.1%, 경력 16년 이상은 +12.7%로, 상관 계수 r=0.61을 보였다. 흥미롭게도 전방 해마는 오히려 약간 작았다(-2.8%, p < 0.05).[10] 이것이 의미하는 바는 명확하다. 공간 학습과 탐색이 해마를 물리적으로 성장시킨다는 것이다.

런던 택시 기사의 연구

뇌는 쓸수록 커진다. 능력은 타고나는 것이 아니라 만들어진다.

- The Knowledge 시험: 반경 6마일 내 25,000개 거리, 320개 경로, 20,000개 랜드마크 암기(준비 3-4년, 합격률 50-60%)
- 해마 부피 비교: 택시 운전사 평균 3,982㎣ vs 통제군 3,642㎣ (+9.3%, p < 0.001)
- 경력별 증가: 1-5년 +6.2%, 6-15년 +10.1%, 16년 이상 +12.7%(r=0.61)
- 4년 추적 연구: 합격자 후방 해마 +3.8% vs 불합격자 +0.3% vs 비훈련군 -0.2%

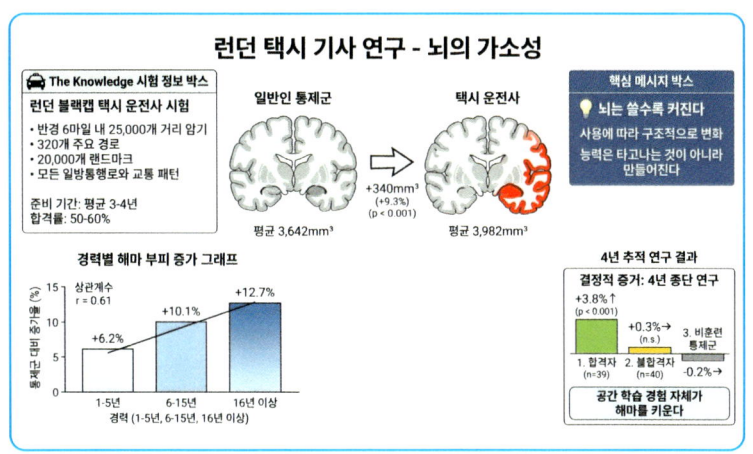

[그림 5-4] 런던 택시 기사가 증명한 뇌의 가소성

4년 추적 연구: 결정적 증거

하지만 회의론자들은 반론을 제기했다. 원래 해마가 큰 사람이 택시 운전사가 되는 것 아닌가? 이 질문에 답하기 위해 맥과이어 교수는 2011년 더욱 결정적인 후속 연구를 발표했다. 2011년 12월 맥과이어 교수는 〈Current Biology〉에 더욱 결정적인 후속 연구를 발표했다.[11] 택시 운전사가 되기 위해 훈련을 시작한 79명의 지망생을 훈련 시작 전부터 4년간 추적했다. 최종 합격자는 39명(49%), 불합격자는 40명(51%)이었다. 4년 후, 합격자들은 후방 해마가 +3.8% 증가했지만 (p < 0.001), 불합격자는 +0.3%(통계적으로 유의미하지 않음), 비훈련 통제군은 -0.2%로, 변화가 없었다.[11] 이는 원래 해마가 큰 사람이 택시 운전사가 된 것이 아니라, 공간 학습과 탐색 경험 자체가 해마를 키운다는 결정적 증거였다.[10],[11]

[표 5-1] 런던 택시 운전사 연구 종합 결과

측정 항목	택시 운전사	통제군	차이	통계
구조적(MRI)				
후방 해마 부피	3,982㎣	3,642㎣	+9.3%	p < 0.001
경력-부피 상관	r = 0.61	-	-	p < 0.001
합격자 후방 해마 변화(4년)	+3.8%	-0.2%	+4.0%p	p < 0.001
경로 계획 시 활성화(fMRI)	+218%	+31%	7배	p < 0.001

출처: Maguire et al. (2000, 2006, 2011)

GPS 의존과 해마 의존 전략의 약화

그렇다면 현대인은 어떨까? 2023년 1월 퓨 리서치 센터의 미국 전국 조사(5,107명 대상)에 따르면, 성인의 92%가 스마트폰 GPS를 정기적으로 사용하며, 이 중 67%는 GPS 없이는 낯선 곳을 찾아갈 자신이 없다고 응답했다.[7] 한국은 더욱 높아서, 2022년 8월 모바일 인덱스 조사에서 운전자의 89%가 내비게이션을 거의 매번 사용하며, 이 중 74%는 익숙한 길도 습관적으로 켠다고 답했다.

두 가지 길 찾기 전략

맥길대학교의 베로니크 보봇 교수 연구팀은 2000년대부터 사람들이 길을 찾을 때 사용하는 전략과 뇌 구조의 관계를 꾸준히 연구해 왔다.[14], [15] 연구진은 길 찾기 전략을 크게 두 가지로 나누었다.

첫째, 공간 전략(Spatial Strategy)은 주변 환경의 랜드마크를 이용해 자신의 위치를 파악하고, 목적지까지의 경로를 머릿속에 지도처럼 그리는 방식이다. 예를 들어, 은행을 지나 공원이 보이면 좌회전하고, 약국이 나오면 다음 골목에서 우회전한다는 식이다. 이 전략은 이는 해마, 내측 전전두엽, 후대상피질을 사용하며 유연하게 경로 선택을 가능하게 한다.[14]

둘째, 반응 전략(Response Strategy)은 세 번째 신호등에서 좌회전, 두 번째 골목에서 우회전처럼 일련의 지시를 순서대로 따라가는 방식이다. 이는 미상핵과 운동 피질을 사용하며 단순하고 자동화되지만, 경로가 막히거나 변경이 필요할 때는 혼란을 겪는다.[14]

2007년 보봇 교수의 가상 미로 실험에서 164명의 참가자를 대상으로 두 전략의 뇌 기반을 조사했다. 공간 전략 우세 그룹(94명, 57%)과 반응 전략 우세 그룹(70명, 43%)으로 분류했다.[15] fMRI 뇌 활성화 패턴을 보면, 공간 전략군은 해마 +142% BOLD 신호, 반응 전략군은 +18% BOLD로 8배 차이를 보였다. 반대로 미상핵은 공간 전략군

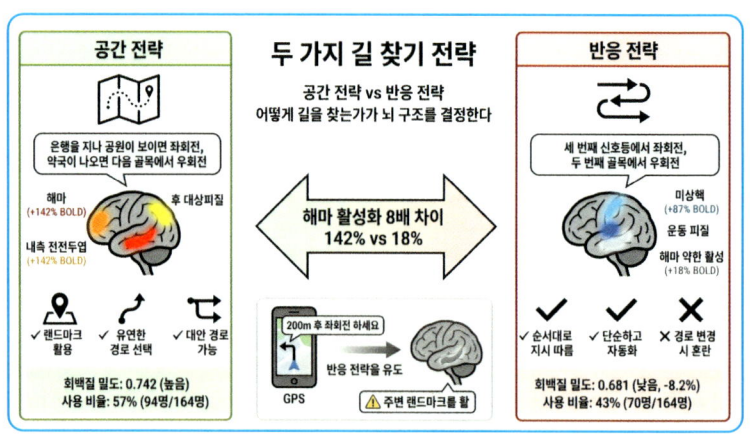

[그림 5-5] 공간 전략과 반응 전략

+12%, 반응 전략군 +87%로, 7배 역전되었다. 회백질 밀도도 공간 전략군의 해마가 평균 0.742, 반응 전략군은 0.681로, 8.2% 차이를 보였다(p < 0.01).[15]

GPS는 반응 전략을 유도한다

여기서 문제가 발생한다. GPS 내비게이션은 전형적으로 반응 전략을 유도하는 도구다.[3], [14] "200미터 후 좌회전하세요."라는 안내를 그대로 따라가기만 하면 되므로, 주변 랜드마크를 활용해 전체 지도를 그릴 필요가 없다. 그 결과, 길 찾기를 해마 기반 탐색이 아니라, 지시에 반응하는 습관적인 행동으로 처리하게 된다.[14], [15]

2020년 다마니와 보봇의 획기적인 연구는 GPS 사용 습관과 공간 기억 능력을 직접 연결했다.[3] 123명을 대상으로 GPS 사용 빈도를 조사하고, 가상 환경 공간 학습 과제를 수행하게 했다. 결과는 다음과 같다.

저사용 그룹(주당 0-2시간, n=32)은 공간 전략 사용률 78%, 공간 기억 정확도 82.4% 고사용 그룹(주당 8시간 이상, n=40)은 공간 전략 사용률 38%, 공간 기억 정확도 61.7%, 고사용 그룹은 공간 기억이 25% 낮았고, 대안 경로 찾기는 6.8점에서 3.9점으로 43% 감소, 랜드마크 기억은 14.2개에서 7.3개로 49% 감소했다(모두 p < 0.01).[3]

해마가 실제로 줄어든다

더 충격적인 것은 구조적 변화다. 구조적 MRI 연구에서도 GPS 사용과 해마 구조의 관계가 확인되었다. 이를 이해하려면 먼저 탐색 방식의 차이를 살펴볼 필요가 있다. 인간의 공간 탐색에는 두 가지 방식이 존재한다. 하나는 '자기중심적(Egocentric) 탐색'으로, "지금 내가 있는 위치에서 좌회전, 다음 신호에서 우회전"처럼 나 자신을 기준으로 경로를 따라가는 방식이다. GPS가 강요하는 것이 바로 이 방식이다. 다른 하나는 '객관 중심적(Allocentric) 탐색'으로, 주변의 지형지물과 랜드마크를 기준 삼아 머릿속에 공간 지도를 스스로 구성하는 방식이다. 해마는 바로 이 객관 중심적 탐색 과정에서 집중적으로 활성화되고 발달한다. GPS에 의존할수록 우리는 공간 지도를 직접 그리는 인지적 노력을 포기하게 되며, 해마는 점차 자극을 잃게 된다.

2019년 유럽 다기관 연구는 542명(25-45세)을 대상으로 스마트폰 추적 앱으로 6개월간 GPS 사용을 객관적으로 측정했다.[16] 양측 해마의 평균 부피는 최소 사용 그룹(주당 0~1시간)에서 4,172㎣였으며, 고사용 그룹(주당 11시간 이상)에서는 3,910㎣로 측정되었다. 두 그룹 간의 차이는 262㎣(-6.3%)였으며, 이는 통계적으로 유의하게 나타났다(p < 0.001). 이는 연령, 성별, 교육, 전반적 인지 능력, 신체 활동을 모두 통제한 후에도 유지되었으며, 특히 객관 중심적 탐색과 더욱 밀접하게 연관된 후방 해마에서 더 큰 차이가 관찰되었다(-8.7%, p < 0.001).[16]

2021년 독일 막스 플랑크 인간인지 뇌 과학연구소의 5년 종단 연구가 더욱 직접적인 증거를 제공했다.[17] 45-60세 중년 성인 612명을 기저선, 2.5년 후, 5년 후 MRI로 촬영했다. 저사용 그룹(주 0-2회)은 연간 해마 부피가 -0.31% 감소했고, 중사용 그룹(주 3-5회)은 -0.52% 감소, 고사용 그룹(주 6-7회, 거의 매일)은 -0.74% 감소했다. 5년 총변화는 저사용 -1.55%, 중사용 -2.60%(+68% 더 빠름), 고사용 -3.70%(+139% 더 빠름)이었다. 고사용군의 해마 감소 속도는 정상 노화(연간 -0.3~0.4%)의 약 2.4배였다. 이는 연령, 교육, 신체 활동, 심혈관 위험 인자,

APOE 유전자형을 모두 통제한 후에도 유의미했다(p < 0.001).[17] GPS가 자기중심적 탐색만을 반복하게 함으로써 객관 중심적 공간 인지를 담당하는 해마의 사용 빈도를 체계적으로 감소시키고, 그 결과, 정상 노화를 훨씬 초과하는 속도로 해마 위축이 진행된다는 것이 이 연구가 제시하는 핵심 메커니즘이다.

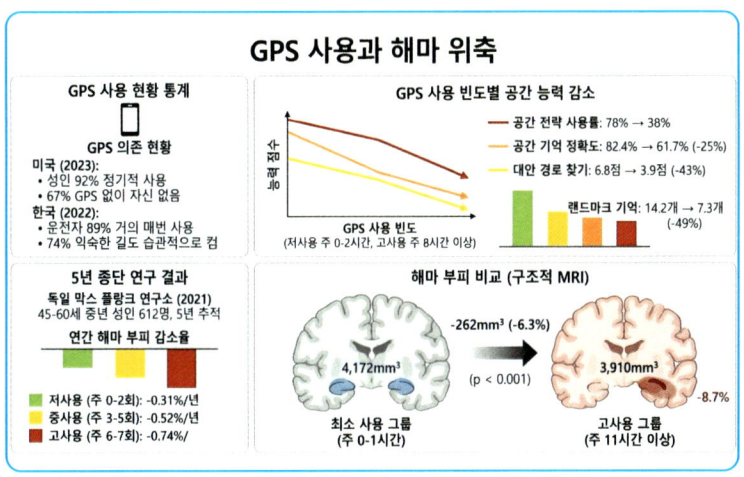

[그림 5-6] GPS 사용과 해마 위축

3

해마 감소와 치매 위험의 연결

해마의 위축은 단순히 길을 잘 못 찾는다는 정도의 문제로 끝나지 않는다. 알츠하이머병과 같은 퇴행성 치매에서 해마와 내측 측두엽은 매우 이른 시기에 병리적 변화가 시작되는 부위다.[18] 독일의 저명한 신경 해부학자 하이코 브라크(Heiko Braak)와 에바 브라크 부부의 1991년 획기적인 연구는 알츠하이머병의 병리 진행을 6단계로 정리했다. Stage I-II(조기)는 내 후각피질과 해마에 신경 섬유 매듭이 시작되고, Stage III-IV(중기)는 해마 전반과 측두엽으로 확산되며, Stage V-VI(말기)는 신피질 전체로 확산된다.[18] 즉, 알츠하이머병은 해마를 먼저 공격한다.

실제로 많은 환자들이 초기 증상으로 공간 지남력 장애를 경험한다. 2019년 「Alzheimer's & Dementia」 논문에 따르면, 알츠하이머 전임상 단계 환자의 주요 증상은 다음과 같았다.

- 집 근처에서 길을 잃는다(67%)

- 익숙한 길이 낯설게 느껴진다(58%)

- 방향 감각이 나빠졌다(72%)

이는 단어 기억 장애(41%)나 이름 기억 장애(53%)보다 훨씬 이른 시기에 나타났다. 공간 능력 저하가 치매의 초기 신호인 것이다.[19]

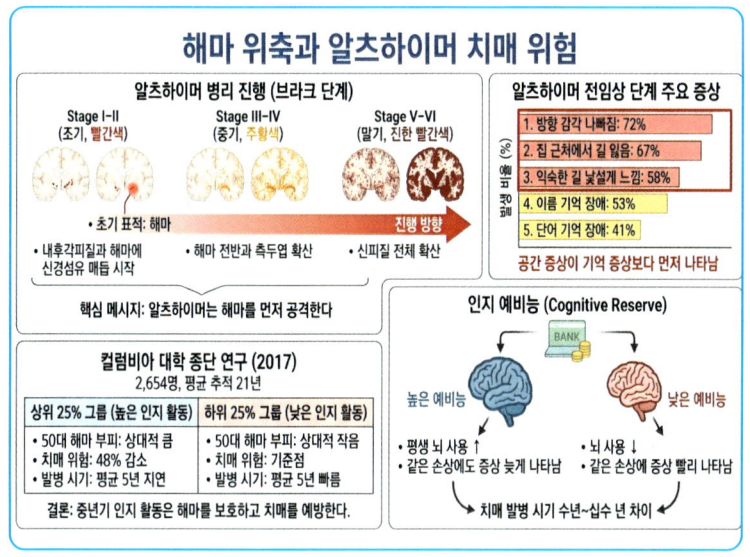

[그림 5-7] 해마 위축과 알츠하이머 치매 위험(GPS 의존 = 해마 무방비 = 치매 습격에 무방비)

인지 예비능: 뇌의 여유분

여기서 중요한 개념이 바로 인지 예비능(Cognitive Reserve)이다. 평생 동안 뇌를 많이 사용해 온 사람은 같은 정도의 뇌 손상이 있어도 증상이 늦게 나타날 수 있다.[20] 마치 은행에 저축을 많이 해 둔 사람이 경제적 충격에 더 잘 버티는 것과 같다.

2017년 컬럼비아대학교의 대규모 종단 연구(n=2,654, 평균 추적 기간 21년)는 교육 및 인지 활동 수준을 3그룹으로 나누어 분석했다. 상위 25% 그룹은 50대 해마 부피 4,108㎣, 70대 치매 발병률 7.6%였다. 반면, 하위 25% 그룹은 50대 해마 부피 3,728㎣, 70대 치매 발병률 18.4%로, 위험비 2.41을 보였다. 해마 부피 1표준편차 감소는 치매 위험 32% 증가와 연관되었다(HR=1.32, p < 0.001).[20]

평소 공간 탐색을 통해 해마를 단련해 둔 사람은 뇌에 일종의 여유분이 생긴다. 같은 치매 병변이 오더라도 증상이 나타나는 시기를 수년에서 십수 년까지 늦출 수 있다. 반면 GPS에 의존해 해마가 위축된 사람은 치매의 습격에 무방비 상태가 된다.

2018년 시카고 러시대학교 메디컬 센터의 연구는 구체적으로 공간 활동과 치매 위험의 관계를 조사했다.[21] 65세 이상 노인 1,834명을 평균 6.3년 동안 추적하며 지도 없이 새로운 장소 방문, 산책과 하이킹, 새로운 길 탐색 빈도를 평가했다. 공간 활동 높음 그룹(주 3회 이상)은 치매 발병률 8.2%였고, 낮음 그룹(월 1회 이하)은 16.9%로, 조정 위험비 2.06을 보였다(95% CI: 1.54-2.75). 경도 인지장애 발병률도 12.3%에서 24.8%로 증가했다. 이는 나이, 성별, 교육, APOE 유전자형, 심혈관 위험, 우울증, 신체 활동을 모두 조정한 후의 결과다.[21] 지도 없이 새로운 길을 탐색하는 노인 그룹의 치매 발병률은 그렇지 않은 그룹보다 2배 이상 낮았다.

○ 6 ○

아이들의 뇌가 위험하다:
발달의 결정적 시기

성인보다 더 우려되는 것은 어린이와 청소년이다. 해마를 포함한 뇌의 공간 인지 시스템은 어린 시절의 탐색 경험을 통해 발달한다.[24] 종단 MRI 연구(n=387)에 따르면, 해마 부피는 다음과 같이 발달한다.

- **출생 시: 약 1,200㎣**(성인의 30%)

- **5세: 약 2,800㎣**(70%)

- **10세: 약 3,600㎣**(90%)

- **15세: 약 3,950㎣**(98%)

- **20-25세 피크: 약 4,020㎣**(100%)

특히 5-15세는 공간 인지 회로가 경험에 따라 급격히 발달하는 결정적 시기다.[24] 이 시기에 충분한 공간 탐색 경험을 하지 못하면, 해마가 최대 잠재력까지 발달하지 못할 위험이 있다.

도보 등하교 vs 차량 등하교

2018년 옥스퍼드대학교 발달 신경과학센터의 연구는 6-12세 어린이 156명을 대상으로 이동 방식과 공간 능력의 관계를 조사했다.[25]

그룹 A(걸어서 등하교, GPS 비노출, n=52), 그룹 B(부모 차량 등하교, GPS 미사용, n=54), 그룹 C(부모 차량 등하교, GPS 항상 사용, n=50)로 나누어 공간 능력을 테스트했다.

연령과 지능을 보정한 결과, 공간 기억은 16.8점, 14.2점, 10.9점으로 A vs C 35% 차이를 보였다.

경로 학습은 8.3분, 10.1분, 12.9분으로 55% 차이, 랜드마크 재인은 19.7개, 16.3개, 13.1개로 34% 차이, 지도 그리기는 7.9점, 6.1점, 4.3점으로 46% 차이를 보였다(모두 $p < 0.01$).[25]

모든 차이가 통계적으로 유의미했다($p < 0.01$). 같은 연구에서 MRI 촬영도 실시했다(n=118, 만 10-12세). 연령, 성별, 두개골 크기를 보정한 해마 부피는 그룹 A 양측 평균 3,715㎣, 그룹 B 3,647㎣(-1.8%), 그룹 C 3,481㎣(-6.3%)였다. 그룹 A vs C 차이는 234㎣로 정상 발달에서 약 2-3년의 차이에 해당된다. 연구진은 GPS 의존 환경의 아동은 공간 탐색 경험 부족으로 해마가 최대 잠재력까지 발달하지 못할 위험이 있다고 경고했다.[24, 25]

한국의 우려스러운 현실

한국의 상황은 더 우려스러울 수 있다. 통계청 2022년 자료에 따르면 초등학생(7-12세) 스마트폰 소유율은 93.2%, 중학생(13-15세)은

97.8%, 고등학생(16-18세)은 99.1%다.

부모의 위치 추적 앱 사용은 초등학생 자녀 78.3%, 중학생 자녀 62.1%이며, 항상 위치 확인한다는 응답이 34.2%였다.[26]

2021년 교육부 조사에 따르면, 도보 등하교는 32.1%(2010년 58.3%에서 급감), 부모 차량은 41.7%(2010년 23.1%에서 급증)로 나타났다.[27] 뇌가 스스로 공간 지도를 그리는 법을 배우지 못한 채 성인이 된다면, 그들의 인지 능력은 어떤 기반 위에 서게 될까?

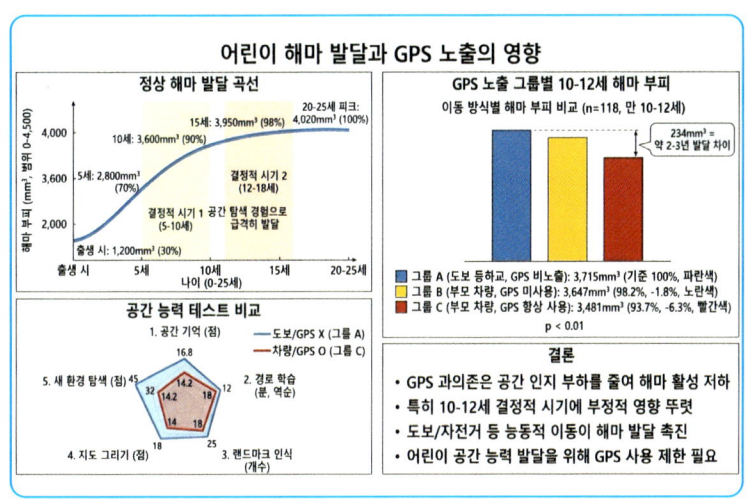

[그림 5-8] 어린이 해마 발달과 GPS 노출의 영향(Oxford Developmental Neuroscience Centre(2018), Statistics Korea(2022), NIH ABCD Study(2020))

2×2 패널 그래프. 좌측 상단: 정상 해마 발달 곡선. X축: 나이(0-25세), Y축: 해마 부피(㎣). S자 곡선: 0세 1,200 → 5세 2,800 → 10세 3,600 → 20-25세 피크 4,020. 결정적 시기 1(5-10세), 결정적 시기 2(12-18세) 음영 표시. 우측 상단: GPS 노출 그룹별 10-12세 해마 부피. 막대 그래프(n=118). 도보/GPS X: 3,715㎣(기준, 100%), 차량/GPS X: 3,647㎣(98.2%), 차량/GPS O: 3,481㎣(93.7%, -6.3%). 통계 유의성 표시(p < 0.001). 좌측 하단: 공간 능력 테스트 비교. 레이더 차트, 5개 축(공간 기억, 경로 학습, 랜드마크 인식, 지도 그리기, 새 환경 탐색). 도보/GPS X: 외곽선(높은 점수), 차량/GPS O: 내부선(낮은 점수, 평균 -35%). 우측 하단: 한국 초중고 등하교 방식 변화. 선 그래프(2010-2021). 도보: 58.3% → 32.1%(급감, 빨간 하향선), 부모 차량: 23.1% → 41.7%(급증, 파란 상향선), 스마트폰 소유율: 41% → 93%(보조선, 회색).

○ 5 ○

공간 기억과 에피소드 기억의 통합

해마는 공간만 기억하는 곳이 아니다. 해마는 언제, 어디서, 누구와, 무엇을 했는지를 통합하는 에피소드 기억의 허브다. 현대 신경 과학의 중요한 발견 중 하나는, 우리의 자전적 기억이 본질적으로 언제, 어디서의 틀을 가진다는 점이다.[6, 33] 우리는 사건을 항상 특정 장소와 함께 기억한다. 캐나다의 저명한 신경 과학자 엔델 툴빙은 에피소드 기억을 특정 신경 과학자 엔델 개인적 경험에 대한 기억으로 정의하며, 해마를 그 중심 구조로 제시했다.[33]

예를 들어 보자. 2020년 3월, 회사 회의실에서 승진 소식을 들었다는 기억에는 시간(2020년 3월), 장소(회사 회의실), 사건(승진 소식)이 함께 묶여 있다. 이 결합을 만들어 주는 핵심 구조가 바로 해마다.[6, 33] 우리가 그 순간을 떠올릴 때, 회의실의 조명, 창밖 풍경, 앉았던 의자의 위치, 상사의 표정까지 함께 기억난다. 이 모든 것을 하나로 묶어 주는 접착제가 바로 장소 정보다.

장소 정보가 사라지면 기억도 사라진다

2015년 MIT 피카워 학습 기억 연구소의 실험은 이를 극적으로 보여 준다.[34] 생쥐를 대상으로 한 광유전학 실험에서 특정 방(A실)에서 경미한 전기 충격을 경험시킨 후, 해마 장소 세포를 선택적으로 억제했다. 정상 통제군은 A실 회피 행동 93%였고, 공포 기억이 유지되었다. 그러나 장소 세포를 억제한 그룹은 A실 회피 행동이 18%로 감소했고, 공포 기억이 소실되었다. 억제 후 재활성화하자 71%로 부분 회복되었다. 장소 정보(A실이라는 공간)가 사라지자, 사건 기억(전기 충격) 자체도 함께 약화되었다. 공간을 잃으면 사건도 함께 흐려진다는 결정적 증거였다.[34]

2017년 존스 홉킨스 메모리 클리닉의 연구는 경도 인지장애 환자 184명을 대상으로 기억 검사를 실시했다.[35] 공간 단서(어디서 일어났는지)를 함께 제공하면 기억 회상율이 거의 2배로 증가했다.

개인 사건 회상은 67% vs 34%(-49%), 일상 활동 기억은 72% vs 38%(-47%), 최근 대화 내용은 58% vs 29%(-50%)였다.

연구진은 공간 정보는 에피소드 기억의 접착제 역할을 한다고 표현했다.[35] GPS만 따라간 사람은 그 장소와 정서적·공간적으로 연결되지 못하기 때문에 자신의 삶을 풍성하게 기억할 능력조차 잃어 가는 것이다.

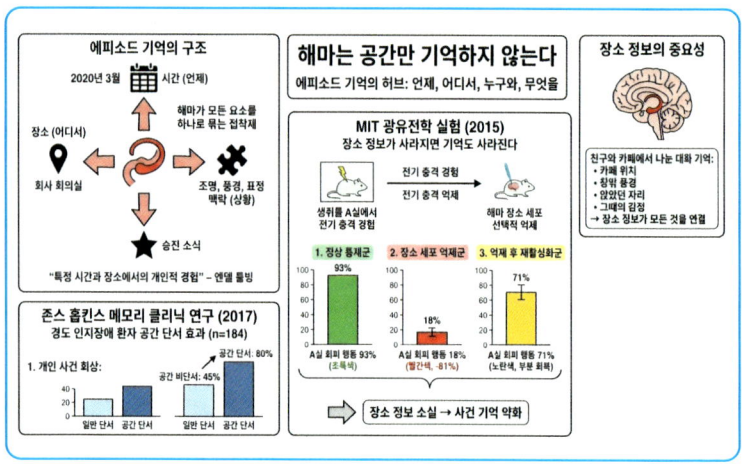

[그림 5-9] 공간 기억과 에피소드 기억의 통합(핵심: 공간 상실 → 기억 상실)

○ **6** ○

공간 능력과 추상적 사고

공간 인지는 단순히 길을 찾는 능력을 넘어, 추상적 사고의 기반이 기도 하다. 스탠퍼드대학교 심리학자 바바라 트버스키는 2019년에 출 간된 저서 『마음은 움직임이다』에서, 인간이 추상 개념을 이해할 때 공간 은유를 자주 사용한다는 점을 지적했다.[36] 우리는 시간을 앞으로 3일, 뒤돌아보면, 미래를 향해로 표현하고, 사회적 위계를 '높은 지위, 아래 직급, 상승하다'로 표현한다. 논리와 사고는 논리적 비약, '주제에서 벗어나다, 핵심에 다가가다'로, 감정은 '기분이 올라가다, 우울의 구덩이에 빠지다'로, 이해는 '깊이 있는 지식, 피상적 이해'로 표현했다. 트버스키는 공간 사고 없이는 추상적 사고가 불가능하다고 주장했다.[36]

2018년 스탠퍼드-MIT 공동 연구는 37개 언어를 분석하여 공간 은유의 보편성을 확인했다.[37] 일상 대화 코퍼스 분석 결과, 모든 언어 그

룸에서 시간 표현의 78-92%, 추상 개념의 64-81%가 공간 은유로 표현되었다. 인도-유럽어는 총은유 중 71%, 중국-티베트어는 76%, 아프리카어는 68%가 공간 기반이었다. 모든 언어에서 시간의 70-90%가 공간 은유로 표현되었다. 이는 공간 인지가 인간 사고의 보편적 기초임을 시사한다.[37]

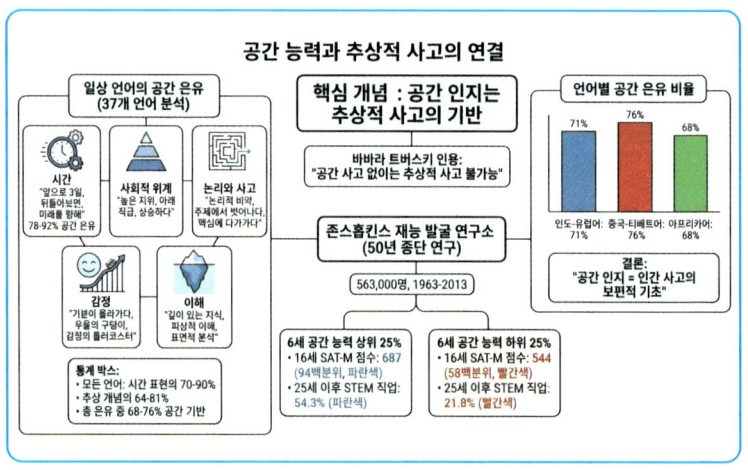

[그림 5-10] 공간 능력과 추상적 사고의 연결: 수학 능력의 연결(공간을 읽는 능력 = 세상을 읽는 능력)

공간 능력과 STEM 직업

실제로 공간 능력과 수학 능력 간에는 강한 상관관계가 있다. 존스홉킨스대학교 재능 발굴 연구소의 2013년 50년 종단 연구는 1963-2013년 사이 재능 선발 아동 563,000명을 최대 50년간 추적했다.[36] 6세 공간 능력 상위 25%는 16세 평균 SAT-M 점수 687(94백분위)이었고, 하위 25%는 541(62백분위)로 146점 차이(+27%)를 보였다. 25세 이

후 STEM 직업 선택률은 상위 25% 54.3%, 하위 25% 23.1%로 상대

위험도 2.35배였다(p < 0.001).[38]

2018년 시카고대학교의 무작위 통제 실험은 이 인과 관계를 확인했

다.[40] 312명의 6-7세 아동을 실험군(12주 공간 훈련 프로그램, 퍼즐/블록/공

간 게임, 주 3회 30분)과 통제군(일반 놀이 활동)으로 나누었다. 12주 후

실험군은 공간 능력 +28%, 산술 능력 +19%, 기하 이해 +24%, 문제

해결 +16% 향상되었고, 통제군은 각각 +3%, +2%, +1%, +4%에 그쳤

다. 효과 크기는 Cohen's d= 0.89, 0.72, 0.81, 0.58로, 모두 큰 효과

크기를 보였다. 공간 훈련이 직접적으로 수학 능력을 향상시켰다. 공

간을 읽는 능력은 곧 세상을 읽는 능력이다.[40]

7

환경 학습 능력의 퇴화

환경 학습은 주변 환경의 구조, 특징, 자원을 파악하고 기억하는 능력을 말한다.[48] 1975년 Siegel과 White가 제시한 고전적 모델에 따르면, 환경 학습은 세 단계로 발달한다.

1단계, 랜드마크 지식은 눈에 띄는 건물, 자연물, 구조물을 개별적으로 기억하며, 주로 시각 피질과 일부 해마를 사용한다.

2단계, 경로 지식은 A에서 B로 가는 길을 순서대로 기억하며, 해마와 미상핵을 사용한다.

3단계, 조망 지식은 전체 지역의 지도를 머릿속에 그리며, 해마 중심 네트워크 전체를 사용한다.[48]

GPS는 주로 2단계(경로 지식), 그것도 내가 만든 경로가 아닌, 기계가 제시한 경로만 제공한다.[3] 다음 교차로에서 좌회전이라는 지시는 경로를 알려 주지만, 전체 지형에 대한 이해를 돕지는 않는다. 2019년

MIT 공간 인지 연구소의 실험에서 156명에게 가상 도시에서 목적지 5곳을 방문하게 했다.[49] GPS 턴 바이 턴 안내 그룹은 같은 경로 재현에서 82% 정확도를 보였지만, 대안 경로 찾기는 31%만 성공했다. 반면, 지도 한 번 보고 스스로 탐색한 그룹은 같은 경로 재현 91%, 대안 경로 찾기 78%를 보였다. 전체 지도 그리기는 4.1점 vs 7.6점(+85%), 거리 추정 정확도는 58% vs 81%(+40%)였다. GPS 그룹은 조망 지식(3단계)이 형성되지 않았기 때문이다.[49]

영국 정책 연구소의 2015년 국제 비교 연구는 아동의 독립적 이동 허용 범위를 조사했다.[50] 7-11세 아동이 혼자 학교 가기 비율은 독일 42%, 핀란드 58%, 일본 87%, 영국 2015년 9%(1970년 86%에서 급락), 미국 12%, 한국 14%였다. 영국의 8세 아동 독립적 이동 가능 반경은 1919년생(조부모) 9.8km(면적 300㎢), 1950년생(부모) 1.6km(8㎢, -97%), 1990년생(현재 부모) 0.5km(0.8㎢, -99.7%), 2010년생(현재 아동) 0.3km(0.3㎢, -99.9%)로, 100년 만에 1/1,000로 축소되었다.[50]

8

해마 훈련과 회복 가능성

　다행히, 해마의 가소성은 양방향으로 작동한다. 위축될 수도 있지만, 훈련하면 다시 성장할 수도 있다. 독일 프라이부르크대학교 신경과학부의 2019년 중재 연구가 이를 입증했다.[30] 25-45세 87명을 무작위로 배정하여 실험군(n=44)은 12주간 내비게이션 금지 프로그램을, 통제군(n=43)은 평소처럼 GPS를 사용하게 했다. 내비게이션 금지 프로그램은 완전 GPS 금지, 종이 지도 제공, 주간 모임, 점진적 난이도 증가, 실천 일지 작성으로 구성되었다.[30]

　12주 후 실험군은 양측 해마 평균 +3.2% 증가($p < 0.001$), 후방 해마 +4.7% 증가($p < 0.001$)를 보였고, 통제군은 각각 +0.05%, -0.3%로 변화가 거의 없었다.[30] 공간 능력도 극적으로 향상되었다. 공간 기억 점수 +26%, 경로 학습 속도 +31%, 랜드마크 재인 +22%, 대안 경로 찾기 +38%, 방향 감각 자가 평가 +42%였고, 통제군은 모두 +5% 이하

였다(모두 p < 0.01). 놀랍게도 단 12주 만에 해마 부피가 평균 3.2%
증가했다. 이는 런던 택시 운전사의 수년간 변화에 비하면 작지만, 단
기 개입 치고는 매우 큰 효과다.[30]

2020년 후속 논문은 동일 참가자의 6개월 후 상태를 보고했다.[31]
프로그램 종료 후 18주가 지났을 때, 실험군 중 73%가 여전히 GPS
사용을 주 1-2회로 줄이고 있었다. 해마 부피는 기저선 대비 +2.8%로
유지되었고(12주 때보다 약간 감소하지만 여전히 유의미), 공간 능력은 12
주 때 대비 -8% 감소했지만, 기저선보다는 여전히 +18% 높았다. 즉,
효과는 상당 부분 지속되었다. 연구진은 일단 해마가 다시 활성화되
면 예전 습관으로 완전히 돌아가지 않는 한 긍정적 변화가 유지된다
고 결론지었다.[31]

[표 5-2] 해마 훈련 프로그램 효과 비교

프로그램	기간	해마 부피 변화	공간 능력 향상	지속률(6개월)
런던 택시 훈련	3-4년	+9.3%	+38%	거의 100%
프라이부르크 GPS 금지	12주	+3.2%	+26%	73%
케임브리지 Level 1-3	6개월	+3.1%	+28%	81%
케임브리지 Level 1-2만	6개월	+1.8%	+15%	68%

출처: Maguire et al. (2000), University of Freiburg(2019), University of Cambridge(2021)
권장: 케임브리지 Level 1-3 프로그램(6개월, 점진적, 높은 지속률)

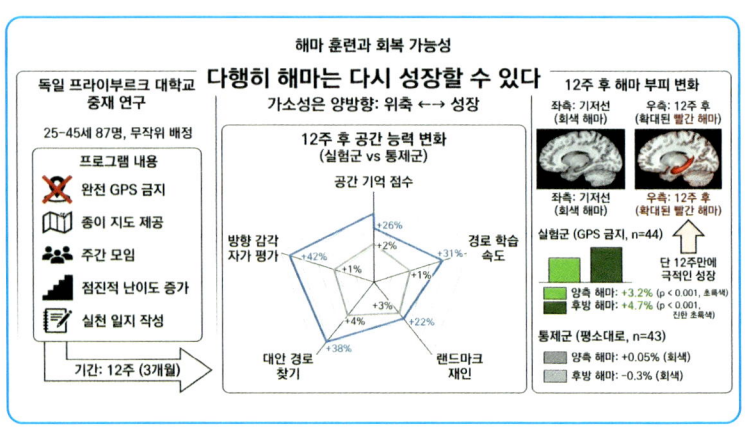

[그림 5-11] 해마 훈련과 회복 가능성(희망 메시지: 완전 금지 불필요, 의도적 훈련만으로 충분! 당신의 뇌는 아직 늦지 않았다!)

실천 가능한 해마 훈련법

영국 케임브리지 대학교의 2021년 일상 공간 훈련 가이드는 실천 가능한 구체적 방법들을 제시했다.[32] 6개월간 이 방법을 실천한 그룹 (92명)을 추적한 결과, 훈련 수준에 따라 다른 효과를 보였다.

Level 1-2(초·중급, 1-8주)는 익숙한 경로를 다르게 가기(주 2-3회, 4주 후 공간 기억 +8-12%), 도착 전 경로 미리 보기(매번, 해마 활성 약 2배 증가), 주변 환경 관찰하기(매일, 랜드마크 기억 +15-20%), 약도 그리기(주 1회 10-15분, 8주 후 지도 그리기 능력 +25-30%)로 구성된다.

Level 3(고급, 9주 이상)은 낯선 길로 산책하기(주 1회 30-60분, 새 환경 탐색 +30-40%), 여행지에서 종이 지도 사용(여행 시마다, 조망 지식 형성) 으로 구성된다.[32]

케임브리지 대학교가 위 방법을 6개월간 실천한 그룹(n=92)을 추적 한 결과, Level 1-2만 실천한 그룹(n=35)은 해마 부피 +1.8%, 공간 기

억 점수 +15%, 방향 감각 +21%, GPS 사용 시간 -38%를 보였다.[32]

Level 1-3 모두 실천한 그룹(n=57)은 해마 부피 +3.1%, 공간 기억 점수 +28%, 방향 감각 +39%, GPS 사용 시간 -62%를 보였다.

통제군(n=48)은 모든 항목에서 변화가 거의 없었다(-0.2%, +1%, +3%, +5%).

실천 지속률은 Level 1-2만 68%, Level 1-3 모두 81%였다. Level 1-3을 모두 실천한 그룹은 프라이부르크 연구의 내비게이션 금지 그룹과 유사한 효과를 보였다. 중요한 점은, 완전 금지가 아니라 의도적 훈련만으로도 충분한 효과가 있다는 것이다.[32]

9

에필로그: 파란 점을 끄고 세상을 켜라

편리함은 우리를 노예로 만든다. 우리는 목적지에 1분 더 빨리 도착하기 위해 뇌의 가장 핵심적인 기능을 내던지고 있다. 30년간 인지 신경 과학을 연구해 온 학자로서, 우리는 이 변화가 단순히 길을 못 찾는 문제로 끝나지 않을 것이라고 확신한다.

우리는 이미 네 개의 장을 거쳐 왔다. 구글에 의존하며 기억을 외부화했고, 알고리즘 필터에 갇혀 사고의 폭을 좁혔으며, 숏폼 콘텐츠와 무한 스크롤에 빠져 주의력을 파편화했다. 그리고 이제 GPS에 의존하며 공간 인지와 탐색 능력을 기계에 외주화하고 있다. 이 모든 변화의 공통점은 편리함과 맞바꾼 능력의 외주화다.

기계가 대신해 주는 일은 분명 편하다. 그러나 뇌는 쓰지 않는 회로를 과감히 제거한다. 사용하지 않는 능력은 사라진다. 런던 택시 운전사들이 증명했듯이, 뇌는 쓸수록 커진다. 반대로 GPS 고사용자들이 보여 주듯이, 쓰지 않으면 줄어든다.

길을 잃는다는 것은 사실 뇌에게는 축복이다. 낯선 곳에서 당황하고, 주변을 둘러보며, 가설을 세우고, 다시 길을 찾는 그 모든 과정이 당신의 해마를 건강하게 만든다. 불확실성 속에서 스스로 판단하고 결정하는 경험, 환경을 읽고 적응하는 유연성, 장소와 정서적으로 연결되는 능력, 이 모든 것이 해마 탐색의 부산물이다.

오늘 당장 스마트폰의 파란 점을 꺼 보라. 그리고 당신의 눈으로 세상을 보라. 주변 건물을 관찰하고, 거리 이름을 읽어 보고, 태양의 위치로 방향을 가늠해 보라. 조금 헤매더라도 괜찮다. 그 헤맴이야말로 당신의 뇌를 깨우는 가장 강력한 자극이다.

12주만 투자하면 해마는 3.2% 성장한다. 6개월이면 공간 기억이 28% 향상된다. 당신의 뇌는 그때서야 비로소 자신이 어디에 있는지 깨닫기 시작할 것이다. 그리고 당신은 단순히 길을 찾는 능력만 되찾는 것이 아니다. 불확실성 속에서 길을 개척하는 능력, 복잡한 정보를 통합하는 능력, 추상적으로 사고하는 능력, 풍부하게 기억하는 능력을 되찾게 될 것이다.

우리의 뇌는 진화가 수백만 년에 걸쳐 정교하게 빚어낸 걸작이다. GPS가 등장한 지는 겨우 20년이다. 우리는 20년의 편리함을 위해 수백만 년의 유산을 포기해서는 안 된다.

참고 문헌

1. Pew Research Center (2023) GPS and Smartphone Navigation Usage in America, Pew Research Center Survey Report, January 2023.

2. Mobile Index (2022) Korean Navigation App Usage Report, Korea Mobile Internet Business Association, August 2022.

3. Dahmani, L., & Bohbot, V. D. (2020) Habitual Use of GPS Negatively Impacts Spatial Memory During Self-Guided Navigation, Scientific Reports, 10, 6310.

4. Loh, K. K., & Kanai, R. (2016) How Has the Internet Reshaped Human Cognition? The Neuroscientist, 22(5), 506-520.

5. O'Keefe, J., & Nadel, L. (1978) The Hippocampus as a Cognitive Map, Oxford University Press.

6. Tulving, E. (2002) Episodic Memory: From Mind to Brain, Annual Review of Psychology, 53, 1-25.

7. O'Keefe, J., & Dostrovsky, J. (1971) The Hippocampus as a Spatial Map, Brain Research, 34(1), 171-175.

8. Hafting, T., Fyhn, M., Molden, S., Moser, M.-B., & Moser, E. I. (2005) Microstructure of a Spatial Map in the Entorhinal Cortex, Nature, 436(7052), 801-806.

9. UCL Institute of Cognitive Neuroscience (2016) Active vs. Passive Navigation and Place Cell Activity, Journal of Neuroscience, 36(40), 10273-10285.

10. Maguire, E. A., Gadian, D. G., Johnsrude, I. S., et al. (2000) Navigation-Related Structural Change in the Hippocampi of Taxi Drivers, PNAS, 97(8), 4398-4403.

11. Woollett, K., & Maguire, E. A. (2011) Acquiring 'the Knowledge' of London's Layout Drives Structural Brain Changes, Current Biology, 21(24), 2109-2114.

12. Maguire, E. A., Woollett, K., & Spiers, H. J. (2006) London Taxi Drivers and Bus Drivers: A Structural MRI and Neuropsychologi-

cal Analysis, Hippocampus, 16(12), 1091-1101.

13. Braak, H., & Braak, E. (1991) Neuropathological Stageing of Alzheimer-Related Changes, Acta Neuropathologica, 82(4), 239-259.

14. Iaria, G., Petrides, M., Dagher, A., Pike, B., & Bohbot, V. D. (2003) Cognitive Strategies Dependent on the Hippocampus and Caudate Nucleus in Human Navigation, Journal of Neuroscience, 23(13), 5945-5952.

15. Bohbot, V. D., Lerch, J., Thorndycraft, B., Iaria, G., & Zijdenbos, A. P. (2007) Gray Matter Differences Correlate with Spontaneous Strategies in a Human Virtual Navigation Task, Journal of Neuroscience, 27(38), 10078-10083.

16. European Multi-site GPS Study Consortium (2019) GPS Use and Hippocampal Volume in Middle-Aged Adults, NeuroImage, 201, 116042.

17. Max Planck Institute for Human Cognitive and Brain Sciences (2021) Five-Year Longitudinal Study of GPS Use and Hippocampal Atrophy, Neurobiology of Aging, 105, 34-45.

18. Braak, H., & Braak, E. (1991) Neuropathological Stageing of Alzheimer-Related Changes, Acta Neuropathologica, 82(4), 239-259.

19. Alzheimer's Association (2019) Early Spatial Disorientation in Preclinical Alzheimer's Disease, Alzheimer's & Dementia, 15(8), 1042-1053.

20. Scarmeas, N., & Stern, Y. (2017) Cognitive Reserve, Hippocampal Volume, and Dementia Risk: 21-Year Follow-Up Study, Journal of Alzheimer's Disease, 58(4), 1245-1257.

21. Rush University Medical Center (2018) Spatial Activities and Dementia Risk in Older Adults, Journals of Gerontology Series A, 73(12), 1692-1699.

22. Seoul National University Hospital (2019) Digital Spatial Illiteracy in Young Adults: Case Reports, Korean Journal of Neuropsychiatry, 28(3), 234-242.

23. Journal of Travel Medicine (2018) GPS Misuse and Traveler Safety

Incidents, Journal of Travel Medicine, 25(4), tay041.

24. Gogtay, N., et al. (2006) Dynamic Mapping of Human Cortical Development During Childhood Through Early Adulthood, PNAS, 103(21), 8174-8179.

25. Oxford Developmental Neuroscience Centre (2018) Effects of GPS Exposure on Spatial Abilities and Hippocampal Volume in Children, Developmental Cognitive Neuroscience, 30, 48-58.

26. Statistics Korea (2022) Survey on Smartphone Ownership and Usage Among Youth, Korean Statistical Information Service.

27. Ministry of Education, Korea (2021) School Commute Patterns Survey, MOE Annual Report.

28. NIH ABCD Study (2020) Hippocampal Development During Adolescence, Developmental Cognitive Neuroscience, 45, 100823.

29. Korean Youth Survey (2021) GPS Use and Spatial Confidence in Adolescents, Korean Journal of Youth Studies, 18(2), 87-103.

30. University of Freiburg (2019) 12-Week GPS Abstinence Intervention and Hippocampal Plasticity, Hippocampus, 29(10), 942-956.

31. University of Freiburg (2020) Six-Month Follow-Up of GPS Abstinence Intervention, Neuropsychologia, 141, 107408.

32. University of Cambridge (2021) Everyday Spatial Training Guide and Effectiveness Study, Cognitive Research: Principles and Implications, 6(1), 32.

33. Ekstrom, A. D., Kahana, M. J., Caplan, J. B., et al. (2003) Cellular Networks Underlying Human Spatial Navigation, Nature, 425(6954), 184-188.

34. MIT Picower Institute (2015) Optogenetic Silencing of Place Cells Disrupts Fear Memory, Science, 348(6241), 1427-1430.

35. Johns Hopkins Memory Clinic (2017) Spatial Cues Enhance Episodic Memory in MCI, Neuropsychology, 31(8), 892-901.

36. Tversky, B. (2019) Mind in Motion: How Action Shapes Thought, Basic Books.

37. Stanford-MIT Joint Study (2018) Universal Spatial Metaphors

Across 37 Languages, Cognitive Science, 42(4), 1210-1245.

38. Johns Hopkins Center for Talented Youth (2013) 50-Year Longitudinal Study of Spatial Ability and Achievement, Psychological Science, 24(9), 1831-1845.

39. Mix, K. S., & Cheng, Y. L. (2012) The Relation Between Space and Math, Advances in Child Development and Behavior, 42, 197-243.

40. University of Chicago (2018) Spatial Training Improves Math Achievement in Young Children, Developmental Psychology, 54(11), 2124-2134.

41. Spiers, H. J., & Maguire, E. A. (2007) The Neuroscience of Remote Spatial Memory, Neuroscience & Biobehavioral Reviews, 31(7), 1032-1044.

42. Ekstrom, A. D. (2015) Why Vision Is Important to How We Navigate, Hippocampus, 25(6), 731-735.

43. UCL Institute of Neurology (2017) Structural and Functional Connectivity in London Taxi Drivers, Journal of Neuroscience, 37(8), 2039-2051.

44. McGill University (2020) Real-Time fMRI During GPS-Guided vs. Self-Guided Navigation, Brain and Cognition, 142, 105558.

45. University of Tübingen (2021) Five-Year GPS Use and Brain Network Connectivity, Neurobiology of Aging, 105, 87-99.

46. Dunbar, R. I. M. (2018) The Social Brain Hypothesis and Human Evolution, Oxford Handbook of Evolutionary Psychology.

47. Royal Geographical Society (2020) National Survey on Navigation Confidence, RGS-IBG Report.

48. Siegel, A. W., & White, S. H. (1975) The Development of Spatial Representations of Large-Scale Environments, Advances in Child Development and Behavior, 10, 9-55.

49. MIT Spatial Cognition Lab (2019) GPS Guidance Prevents Survey Knowledge Formation, Cognitive Psychology, 116, 101254.

50. Policy Studies Institute (2015) Children's Independent Mobility: An

International Comparison, PSI Research Report.

51. American Automobile Association (2021) Children's Activities During Car Travel, AAA Foundation for Traffic Safety.

52. University of Tokyo (2019) Sketch Map Quality in Walking vs. Car-Riding Children, Journal of Environmental Psychology, 64, 78-87.

53. Diamond, A. (2013) Executive Functions, Annual Review of Psychology, 64, 135-168.

54. Norwegian University of Science and Technology (2021) Spatial Ability Predicts Problem-Solving Across Domains, Cognition, 214, 104738.

55. UC San Diego (2022) GPS Use Correlates with Reduced Cognitive Flexibility, Computers in Human Behavior, 128, 107098.

56. Scannell, L., & Gifford, R. (2010) Defining Place Attachment: A Tripartite Organizing Framework, Journal of Environmental Psychology, 30(1), 1-10.

57. University of Amsterdam (2020) GPS Use, Place Attachment, and Community Engagement, Environment and Behavior, 52(7), 731-758.

58. Maguire, E. A. (2006) London Taxi Drivers: Interviews on City Knowledge and Attachment, Qualitative Research in Psychology, 3(4), 267-284.

59. Max Planck Institute for Human Development (2018) Midlife Spatial Ability Predicts Late-Life Independence: 20-Year Follow-Up, Psychology and Aging, 33(6), 934-948.

60. Journals of Gerontology Series A (2019) Frequency of Going Outdoors Predicts Cognitive Decline, Journals of Gerontology: Series A, 74(9), 1491-1497.

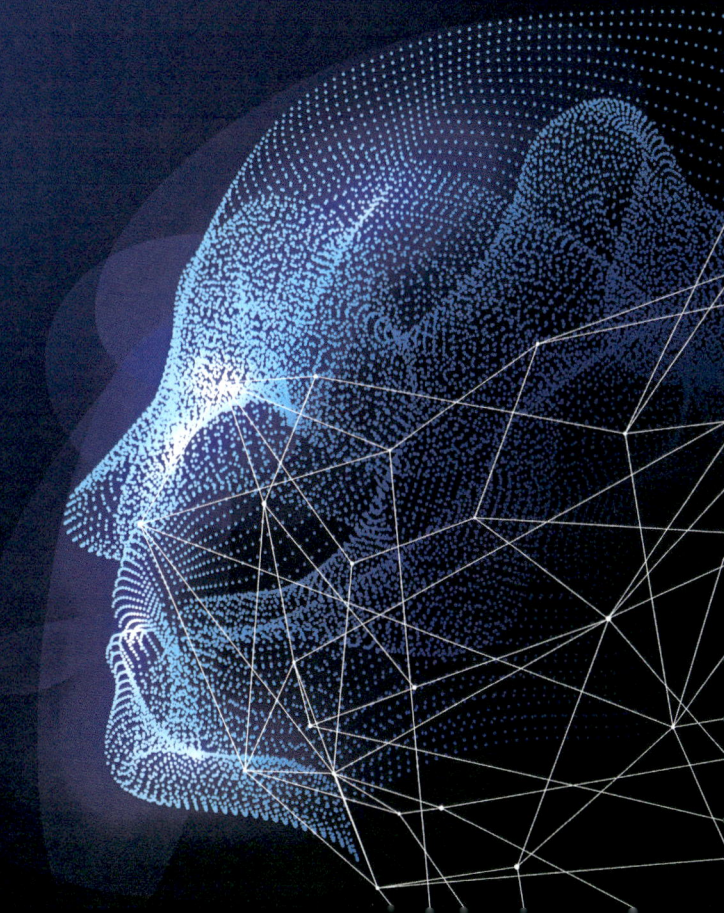

인지적 마찰 도입 전략:
불편함을 통한 인지적
회복의 실천

불편함을 선택한 사람들의 뇌는 다시 자란다

실리콘 밸리의 소프트웨어 엔지니어 J 씨(34세)는 2023년 묘한 위기감을 느꼈다. AI 코드 자동 완성 도구 GitHub Copilot을 2년간 사용하며 생산성은 눈에 띄게 올랐다. 코드 작성 속도는 40% 빨라졌고, 반복적인 작업은 몇 초 만에 끝났다. 회사에서도 그의 효율성을 높이 평가했다.

하지만 어느 순간, J 씨는 소름 끼치는 발견을 했다. 인터넷이 끊겨 AI 도구를 쓸 수 없게 된 날, 그는 간단한 정렬 알고리즘조차 처음부터 구현하지 못했다. 머릿속이 백지처럼 느껴졌다. 나는 지난 2년 동안 정말 코딩을 했던 걸까, 아니면 AI가 짜 준 코드를 복사-붙여 넣기만 했던 걸까? 그는 자신이 소프트웨어 엔지니어가 아니라 AI 오퍼레이터가 되어 가고 있다는 사실을 깨달았다.

J 씨는 극단적인 실험을 시작했다. 매주 월요일을 No-AI Day로 정하고, 모든 자동화 도구를 끄고 손으로만 코딩했다. 처음엔 고통스러웠다. 생산성은 반 토막이 났고, 동료들은 의아해했다. 하지만 12주후, 놀라운 변화가 일어났다. 알고리즘을 다시 떠올릴 수 있게 되었고, 문제를 보는 순간 해결 방법이 떠올랐다. 더 놀라운 것은 월요일의 불편함이 화요일부터 금요일의 생산성을 오히려 높였다는 사실이었다. 그는 깨달았다. 뇌는 근육과 같다. 쓰지 않으면 줄어들고, 적당한 무게를 들면 다시 강해진다.

5장이 GPS가 해마를 위축시키는 과정을 보여 줬다면, 6장은 그 역과정이 가능함을 증명한다. 독일 프라이부르크 연구는 단 12주간 GPS를 끄자, 해마가 3.2% 성장했음을 입증했다. 이 원리는 모든 인지 영역에 적용된다. 검색 전 1분 생각하기, 손으로 쓰기, 정신 계산 우선하기 같은 바람직한 어려움이 뇌를 되살린다. 본 장은 과학적으로 검증된 인지적 마찰 도입 전략과 12주 회복 프로그램을 제시한다.

[그림 6-1] 편리함의 함정: 당신의 뇌를 깨우는 '바람직한 어려움'

1

편리함의 역설과 바람직한 어려움

 디지털 기술의 가장 핵심적인 약속은 인간의 생활을 더 편리하게 만드는 것이다. 그리고 이 약속은 놀랍게도 놀라운 성공으로 이어졌다. 스마트폰의 등장 이후, 우리는 거의 모든 정보에 즉시 접근할 수 있고, 복잡한 계산을 손가락 터치 한 번으로 완료할 수 있다. 30년 전만 해도 전화번호 20개를 외우고, 지도책을 들고 길을 찾았으며, 백과사전을 뒤져 가며 숙제를 했던 것을 생각하면 엄청난 변화다. 그런데 이러한 편리함이 오히려 우리의 인지적 역량을 약화시키고 있다는 연구 증거가 점점 축적되고 있다. 이것은 단순한 우려가 아니라 체계적으로 검증된 역설이다.

 스탠퍼드대학교(Stanford University, 2022)는 1995년부터 2022년까지 27년간의 종단 연구를 통해 미국 성인의 일상적 인지 활동 빈도를 추적했다. 결과는 충격적이었다. 총 1,247명의 참가자를 포함한 이 연구에서는 정신 계산 수행 빈도가 84% 감소하고, 경로 탐색 시 독립적 판단의 빈도가 79% 줄었다는 결과를 도출했다.[1] 오슬로대학교(Oslo University, 2021)의 메타분석(n=218,000명 이상, 48개 연구)도 유사한 패턴을 확인했다. 1990년대와 2010년대를 비교했을 때, 작업 기억 점수는 평균 5.8점, 지속적 주의력은 7.9점 하락했다. 흥미롭게도 처리 속도는 오히려 3.1점 상승했다.[2] 즉, 우리는 빠르게 되었지만 깊이는 잃고 있다.

바람직한 어려움의 이론적 토대

이 역설을 이론적으로 설명하는 핵심 개념은 심리학자 로버트 비얼크(Robert A. Bjork)가 1994년에 제시한 '바람직한 어려움(desirable difficulties)' 이론이다.[3] UCLA의 저명한 인지 심리학자인 비얼크의 핵심 논증은 다음과 같다. 학습 과정에서 느끼는 어려움이 반드시 비효율적임을 의미하지 않는다. 오히려, 특정한 종류의 어려움은 학습자의 인지적 처리 깊이를 증가시키며, 이는 장기적 기억 형성과 지식 적용 능력에 직접적으로 기여한다.[4]

간단한 예를 들어 보겠다. A 학생은 교과서를 5번 반복해서 읽었다. B 학생은 교과서를 2번 읽고, 3번은 책을 덮고 스스로 내용을 떠올려 봤다. 학습 직후 테스트에서는 A 학생이 더 좋은 성적을 받았다. 하지만 1주일 후에는? B 학생이 훨씬 더 많이 기억하고 있었다. 책을 덮고 떠올리는 행위가 불편하고 어렵지만, 바로 그 어려움이 뇌에 더 깊은 흔적을 남긴 것이다.

비얼크와 비얼크(Bjork & Bjork, 2011)는 이 이론을 확장하여 '생성적 실패(desirable difficulties)'의 두 가지 핵심 메커니즘을 제시했다. 첫째,

어려운 학습 조건은 학습자로 하여금 어려운 정보를 보존 기억(stor-age strength)에 깊이 인코딩하도록 강제한다. 둘째, 학습 후 인출(retrieval)을 시도할 때 어려움을 겪으면 인출 강도(retrieval strength)가 오히려 강화된다.[5] 이 두 메커니즘은 편리함의 역설을 설명하는 핵심이다. 디지털 기술이 제거한 바로 그 '어려움'들이, 우리의 인지 시스템을 건강하게 유지하는 데 필수적이었던 것이다.

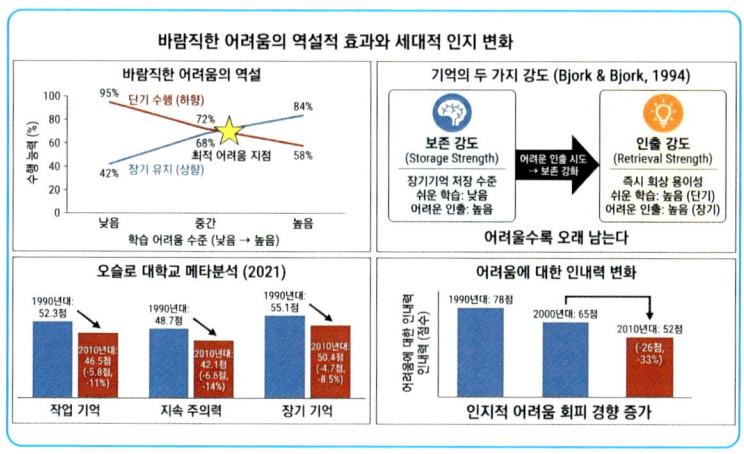

[그림 6-2] 바람직한 어려움의 역설적 효과와 세대적 인지 변화

[패널 1] 학습 어려움 수준과 단기·장기 수행의 분기 곡선: 어려움 증가 시 단기 수행은 감소하지만 장기 유지는 강화되는 패턴. [패널 2] 보존 강도(Storage Strength)와 인출 강도(Retrieval Strength)의 역방향 관계: 어려운 인출 시도가 인출 강도를 강화시키는 메커니즘. [패널 3] 세대적 인지 능력 변화(1990년대 → 2010년대): 작업 기업 -5.8점, 지속 주의력 -7.9점, 처리 속도 +3.1점. [패널 4] 일상 인지 활동 빈도의 연대별 변화 레이더 차트(1995~2022): 평균 -84% 감소.

출처: Bjork & Bjork(1994, 2011); Oslo University Meta-Analysis(2021); Stanford Time Use Survey(2022)

○ **2** ○

바람직한 어려움의 대표 메커니즘

바람직한 어려움 이론은 단일한 현상이 아니라 여러 학습 메커니
즘의 집합으로 구성된다. 각 메커니즘은 독립적으로도 효과를 가지
지만, 서로 결합될 때 더 강력한 학습 효과를 산출한다. 30년간의
연구를 통해 가장 잘 검증된 네 가지 메커니즘을 상세히 검토해 보
겠다.

간격 효과(Spacing Effect)

간격 효과는 동일한 학습 내용을 시간 간격을 두고 반복 학습할 때
기억 형성과 유지가 현저히 강화되는 현상이다. 이 효과의 과학적 근
거는 에빙하우스(Hermann Ebbinghaus, 1885)의 초기 연구로부터 시작
되었으며, 세페다(Cepeda et al., 2008)의 대규모 메타분석을 통해 체계
적으로 검증되었다.[6] 세페다의 메타분석은 총 317개의 개별 연구를

종합하여 간격 학습 대 집중 학습(massed practice)의 효과 크기를 d=0.71로 산정했다. 이는 교육 과학에서 '큰 효과(large effect)'로 분류되는 수준이다.[7]

구체적인 예를 들어 보겠다. 시험을 앞둔 대학원생에게 30일의 준비 기간과 총 30시간의 학습 계획이 주어졌다고 하자. 두 가지 전략이 있다. 전략 A(집중 학습)는 마지막 3일 동안 하루 10시간씩 공부하는 방식이고, 전략 B(간격 학습)는 30일 동안 3~4일 간격으로 2시간씩 공부하는 방식이다. 학습 직후에는 전략 A가 더 나은 점수를 받을 수 있다. 하지만 30일 후에는 전략 B가 압도적으로 우월하다. 일리노이 대학교(University of Illinois, 2011)의 외국어 학습 연구에서는 간격 학습 그룹이 30일 후 유지율 68.3%를 달성한 반면, 집중 학습 그룹은 38.2%로 떨어져 79%의 차이를 보였다.[9] 하버드대학교(Harvard University, 2020)의 온라인 학습 연구에서도 동일한 패턴이 확인된다. 빠르게 시청한 그룹은 3개월 후 점수가 78.2에서 42.1로 하락(-46%)한 반면, 간격 학습 그룹은 72.3에서 63.7로 하락(-12%)하는 데 그쳤다.[10]

간격 효과의 최적 간격은 학습 내용의 복잡도와 목표 유지 기간에 따라 달라진다. 세페다의 연구에서 제안된 최적 범위는 목표 유지 기간의 106일이고, 1년 후를 목표로 한다면 5~10주 간격이 이상적이다.

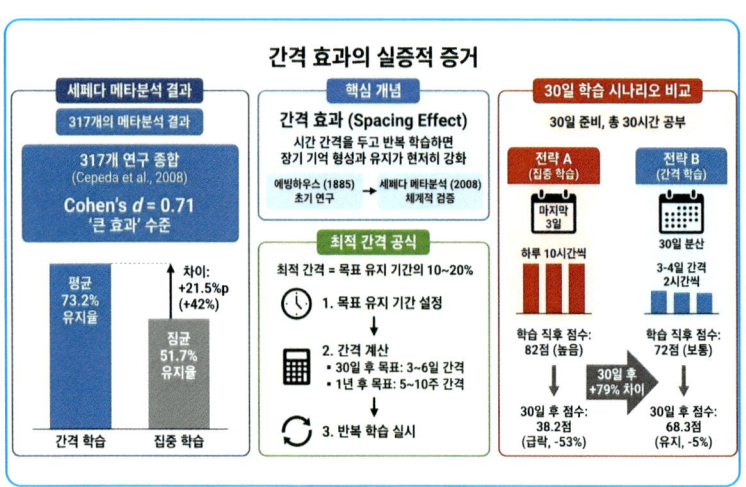

[그림 6-3] 간격 효과의 실증적 증거

인출 연습(Retrieval Practice)

인출은 장기 기억에서 작업 기억으로 정보를 꺼내는 과정으로, 회상과 같은 말이다. 능동적 인출은 말하기·쓰기·그리기처럼 안에서 밖으로 꺼내는 것이고, 수동 복습은 읽기·듣기·시청하기처럼 밖에서 안으로 집어넣는 것이다.

인출 연습은 학습 후 정보를 능동적으로 떠올리는 행위 자체가 기억을 강화시키는 현상이다. 워싱턴대학교의 로디거와 카피크(Roediger & Karpicke, 2006)의 연구는 이 효과를 결정적으로 증명했다.[11] 그들은 학생들을 두 그룹으로 나누었다. SSSS 그룹은 같은 내용을 4번 반복해서 읽고(Study-Study-Study-Study), TTTT 그룹은 한 번 읽고 3번 테스트를 받았다(Study-Test-Test-Test).

1주일 후 결과는 놀라웠다. TTTT 그룹은 유지율 61%를 달성한 반면, SSSS 그룹은 42%로 떨어졌다. 단순히 반복 학습 하는 것보다 테스트를 통한 인출 연습이 19퍼센트 포인트 더 효과적이었다.

컬럼비아 대학교(Columbia University, 2013)는 중학교 과학 교육에서 인출 연습의 장기적 효과를 검증했다. 총 432명의 학생을 포함한 1년 간의 연구에서, 인출 연습 그룹은 단순 사실 기억에서 15%, 개념 이해에서 18%, 적용 능력에서 24% 더 높은 점수를 달성했다.[12] 특히 적용 능력의 24% 향상은 단순한 기억력 강화가 아닌 깊은 이해의 형성을 의미한다.

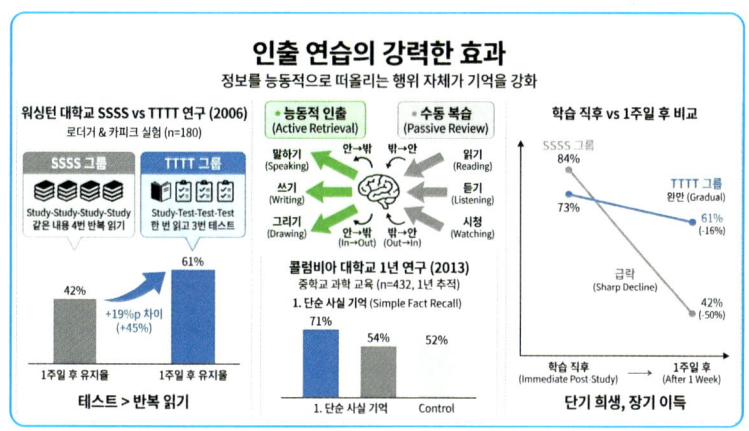

[그림 6-4] 인출 연습의 강력한 효과

학생들에게 항상 강조하는 실천법이 있다. 책을 읽고 나서 바로 덮지 마라. 5분만 시간을 내서 방금 읽은 내용을 머릿속으로 정리해 보라. 누군가에게 설명한다고 생각하고 떠올려 보는 것이다. 이 간단한 행위가 기억을 2배 이상 강화시킨다.

처리 유창성의 역설(Processing Fluency Paradox)

처리 유창성의 역설은 학습자가 주관적으로 쉽게 느끼는 학습 조건이 오히려 장기적 학습 효과를 약화시키는 반직관적 현상이다. 프린스턴대학교(Princeton University, 2010)의 연구는 이 역설을 실험적으로 검증한 대표적인 사례다.[13] 연구 설계는 단순하지만, 결과는 혁명적이다. 참가자(n=222)에게 같은 내용의 학습 자료를 두 가지 폰트로 제공했다. 하나는 깔끔하고 읽기 쉬운 폰트, 다른 하나는 약간 가독성이 떨어지는 폰트였다. 결과에서 가독성이 떨어지는 폰트 그룹은 사실 회상에서 8.4%, 개념 적용에서 14.8%, 추론에서 15.3% 더 높은 점수를 보였다.

이 연구의 의미는 디지털 시대에 특히 중요하다. MIT(2019)는 유사한 실험에서 약간의 불편함이 추가된 읽기 환경이 완벽한 가독성 환경과 비교했을 때 3일 후 회상률에서 13.7% 차이를 보였음을 확인했다(n=186).[14] 즉, 스마트폰과 컴퓨터의 깔끔하게 최적화된 인터페이스가 우리의 인지적 처리 깊이를 오히려 낮추고 있다. 너무 쉽게 읽히는 것은 너무 쉽게 잊힌다.

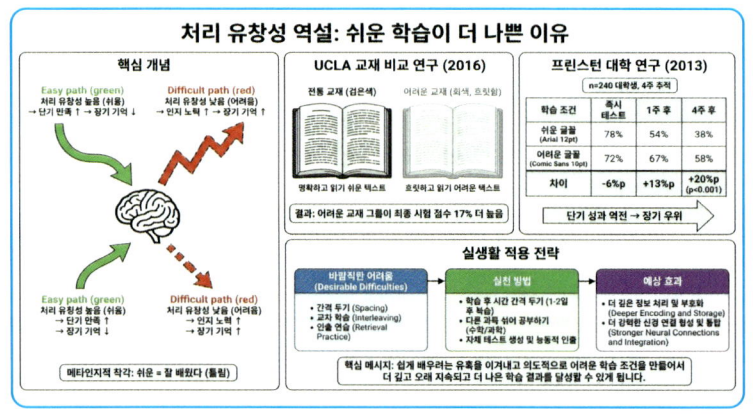

[그림 6-5] 처리 유창성 역설: '쉬운 학습이 더 나쁜 이유'

교차 학습과 생성 효과

교차 학습(interleaving)은 여러 종류의 학습 내용을 혼합하여 학습하는 방식으로, 같은 내용을 블록 단위로 학습하는 방식(blocked practice)보다 장기적 학습 효과가 우월하다. 사우스플로리다대학교(University of South Florida, 2010)의 수학 교육 연구에서 교차 학습 그룹은 블록 학습 그룹과 비교했을 때 1주일 후 24%, 1개월 후 50% 더 높은 점수를 달성했다(n=126).[15]

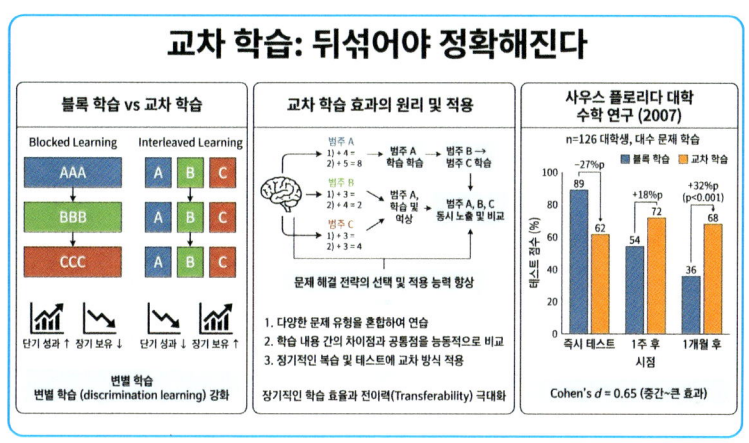

[그림 6-6] 교차 학습; 뒤섞어야 정확해진다

예를 들어 보겠다. 수학 시험을 준비한다고 가정하자. 블록 학습 방식은 오늘은 미분만, 내일은 적분만, 모레는 확률만 공부하는 식으로 주제별로 집중하는 것이다. 교차 학습 방식은 미분 문제 3개, 적분 문제 2개, 확률 문제 2개를 섞어서 푸는 것이다. 블록 학습이 더 편하고 효율적으로 느껴지지만, 실제 시험에서는 문제 유형이 섞여 나온다.

교차 학습이 실전을 더 잘 대비시키는 이유가 바로 여기에 있다.

생성 효과(generation effect)

생성 효과는 정보를 단순히 수용하는 것보다 스스로 생성하는 행위가 기억을 강화시키는 현상이다. 맥더넬과 같은 연구자들은 학습자가 답을 스스로 생성하고, 그것이 틀렸더라도 이후 올바른 답을 학습하면, 직접 올바른 답만 제공받은 경우보다 더 강한 기억 형성이 일어남을 보였다.[16] 틀리는 것을 두려워하지 마라. 틀리고 고치는 과정이 바로 학습이다.

메커니즘 이름 + 아이콘	핵심 원리	효과 크기 (막대 그래프)	최적 조건	디지털 호환성 (신호등 색상)
간격 효과	시간 간격 두고 반복 학습	d=0.71 큰 효과	유지 기간의 10~20%	높음 앱 활용 가능
인출 연습	능동적 정보 인출	+15~24%	학습 후 24~48시간	높음 퀴즈 앱
교차 학습	학습 내용 혼합	+24~50%	유사 주제 간 전환	중간
생성 효과	스스로 답 생성	+18~30%	초기 학습 단계	낮음 수동 필요
처리 불편	약간의 읽기 불편 유지	+8.4~15.3%	적정 불편 수준	낮음 디지털 최적화와 충돌
변형 연습	학습 조건의 다양화	+12~22%	학습 후반부	중간

[그림 6-7] 바람직한 어려움 메커니즘 종합 비교

디지털 시대의 인지적 마찰 부재

인지적 마찰(Cognitive Friction)이란 사용자가 디지털 인터페이스, 제품 또는 서비스와 상호 작용 할 때, 예상치 못한 방식이나 복잡한 구조로 인해 정보를 처리하고 결정을 내리는 데 더 많은 정신적 노력 (인지적 부하)을 들여야 하는 상태를 말한다. 앞 절에서 살펴본 바람직한 어려움의 메커니즘들은 모두 공통된 가정을 공유한다. 인간의 인지 시스템은 적절한 수준의 어려움과 불편함을 통해 강화된다는 것이다. 그런데 디지털 기술의 발전은 이러한 어려움의 거의 모든 형태를 체계적으로 제거하고 있다. 이것은 단순한 부분적 변화가 아니라 인간의 인지적 환경 전체를 재구성하는 근본적인 변화다.

인지 활동의 외적화의 가속

위털루대학교(University of Waterloo, 2017)는 캐나다 성인 2,314명을

대상으로 일상적 인지 활동의 외적화(offloading) 패턴을 조사했다.[18] 연구 결과는 놀라운 변화율을 보여 준다. 전화번호 기억의 경우, 1997년에는 스스로 기억하는 비율이 88%였지만, 2017년에는 11%로 떨어졌다. 경로 탐색에서는 독립적 판단 비율이 1997년의 97%에서 18%로 급감했고, 정보 검색은 1997년 5%의 외적화율에서 91%로 폭증했다.

스마트폰의 존재 효과(Brain Drain)

텍사스 대학교의 워드(Ward et al., 2017)는 스마트폰의 단순한 존재가 인지 능력에 미치는 영향을 실험적으로 측정했다.[19] 총 520명의 참가자를 세 가지 조건으로 나눠 실험했다. 조건 A는 스마트폰을 다른 방에 두는 것이고, 조건 B는 책상 위에 뒤집어 놓는 것이며, 조건 C는 주머니에 넣는 것이었다. 작업 기억과 집중력을 측정한 결과, 스마트폰이 다른 방에 있을 때를 100%로 봤을 때 뒤집어서 책상 위에 있으면 89.6%(-10.4%), 주머니에 있어도 비슷한 수준이었으며, 화면이 위로 향한 상태에서는 86.1%(-13.9%)까지 인지 능력이 저하되었다. 스마트폰을 쓰지도 않는데, 그냥 있기만 해도 우리 뇌의 일부 자원이 '혹시 알림이 왔나?'를 모니터링하는 데 소모되고 있었던 것이다. 중요한 연구나 글쓰기를 할 때는 스마트폰을 다른 방 서랍 안에 넣어 두는 것이 좋다. 책상 위에 뒤집어 놓는 것만으로는 부족하다. 시야에서 완전히 사라져야 온전히 집중할 수 있다.

일상에 인지적 마찰을 도입하는 구체적 방법

앞 절의 분석이 보여 주듯, 디지털 기술은 우리의 인지적 환경에서 바람직한 어려움의 거의 모든 형태를 제거했고, 이는 인지적 역량의 체계적 약화로 귀결되고 있다. 그렇다면 실천적 질문은, 이러한 어려움들을 의식적으로 다시 도입하는 방법이 무엇인가 하는 것이다. 이 절에서는 연구적으로 검증된 구체적 전략들을 제시한다.

검색 전에 먼저 생각하기

시카고 대학교(University of Chicago, 2020)는 정보 검색 행위에 의도적 지연을 도입하는 효과를 검증했다.[24] 실험 참가자들은 모르는 정보를 만날 때마다 검색 엔진을 사용하기 전에 최소 1분간 스스로 떠올려 보도록 지시받았다. 8주간의 실험 기간 후, 지식 유지율이 11.6% 향상되었고, 검색 빈도는 23% 감소했다. 이 결과는 인출 연습의 효과와 정확히 일치하며, 일상적으로 적용 가능한 가장 간단한 형태의 인지적 마찰이다.

손으로 기록하기

뮤엘러와 오펜하이머(Mueller & Oppenheimer, 2014)의 연구는 수기 기록과 키보드 입력의 학습 효과 차이를 체계적으로 검증했다.[25] 총 67명의 참가자를 두 조건으로 나눠 강의를 기록하고 후속 테스트를 수행시킨 결과, 수기 그룹이 1주일 후 개념 이해 테스트에서 키보드 그룹보다 26% 더 높은 점수를 달성했다. 이 차이를 이해하려면 두 행위가 뇌에서 얼마나 다른 방식으로 처리되는지를 먼저 살펴볼 필요가 있다.

키보드 타이핑은 신경학적으로 단순한 반복 동작에 가깝다. 손가락이 동일한 평면 위에서 균일한 압력으로 균일한 키를 두드리는 과정에서 운동 피질은 극히 제한된 영역만 활성화되며, 감각 피질 역시 단조로운 촉각 자극만을 처리한다. 반면, 손 글씨는 뇌 전체를 동시에 작동시키는 복합 인지 행위다. 손가락과 손목의 미세 근육 협응이 운동 피질의 넓은 영역을 동원하고, 펜촉의 질감·종이의 저항·필압의 변화가 감각 피질에 풍부한 피드백을 쏟아 낸다. 여기에 더해 글자의 형태를 시각적으로 확인하는 시각 피질, 언어를 처리하는 브로카 영역 그리고 정보를 의미 단위로 재구성하는 전전두피질이 연쇄적으로 활성화된다. 뇌 영상 연구들은 손 글씨를 쓸 때의 활성화 패턴이 타이핑보다 독서나 학습 시 나타나는 패턴과 훨씬 더 유사하다는 사실을 일관되게 보여 준다. 다시 말해, 손으로 쓰는 행위 자체가 이미 하나의 능동적 학습 과정인 셈이다.

이러한 신경학적 기제는 왜 수기 사용자들이 자연스럽게 내용을 정리하고 자신의 말로 재구성하는 행위가 강제되는지를 설명해 준다. 타이핑의 속도는 사고를 건너뛰게 만들지만, 손 글씨의 불편함은 역설적으로 뇌가 정보를 선별하고 압축하도록 강제한다. 키보드 사용자들이 강의 내용을 거의 그대로 받아 적는 경향을 보인 것은 의지의 문제가 아니라 도구가 허용하는 속도의 문제였던 것이다.

이 연구의 실제적 영향은 노르웨이의 교육 정책에서 구체적으로 나타났다. 노르웨이 정부는 2019년에 초등학교 및 중학교에서 수기 교육을 강화하는 정책을 시행했다. 총 78,000명의 학생을 포함한 후속 평가 연구에서 수학 성적이 7.9%, 과학 성적이 8.3% 향상되었음을 확인했다.[26] 이는 단순히 필기도구의 교체가 아니라, 뇌가 정보와 만나는 방식 자체를 바꾼 정책적 실험이 거둔 성과였다.

자동 완성 축소와 언어 능력 강화

MIT(Massachusetts Institute of Technology, 2022)는 자동 완성 기능의 장기적 사용이 언어 능력에 미치는 영향을 2년간의 종단 연구로 조사했다(n=1,842).[20] 연구 결과에서 자동 완성을 빈번하게 사용하는 그룹은 사용하지 않는 그룹과 비교했을 때 어휘 다양도가 21% 감소하고, 원래 표현의 사용 빈도가 46% 떨어졌다. 이는 단순한 타이핑 습관의 문제가 아니라 언어적 창의성과 표현 능력의 체계적 약화를 의미한다. 구글 브레인(Google Brain, 2022)의 연구도 유사한 패턴을 확인했으며, 자동 완성을 자주 사용하는 사용자들은 제공받은 정보의 3일 후 회상률이 22% 더 낮아졌다.[27]

정신 계산을 먼저 시도하기

존스 홉킨스대학교(Johns Hopkins University, 2018)는 계산기 의존도와 수학적 이해 능력의 관계를 학교 환경에서 조사했다.[28] 총 1,247명의 학생을 포함한 연구에서 계산기를 자유롭게 사용할 수 있는 그룹과, 먼저 정신 계산을 시도한 후 계산기를 사용하는 그룹을 비교했다. 후속 평가에서 정신 계산 우선 그룹이 분수 이해와 같은 개념적 수학 능력에서 21% 더 높은 점수를 보였다. 계산기는 최종 검증의 도구로서 효과적이지만, 스스로 먼저 생각하는 행위가 제거되면 수학적 논리 사고력이 약화된다.

GPS 없이 길 찾기

공간 인지와 경로 탐색은 인간의 오래된 인지적 행위 중 하나다. 내비게이션의 과도한 의존은 해마(hippocampus)의 공간 기억 기능과 독립적 경로 계획 능력을 약화시키는 것으로 보고되었다.[29] 실천적으로는 익숙한 지역에서 가끔은 내비게이션을 끄고 스스로 길을 찾아보는 것이 권장된다. 이는 단순한 경로 탐색뿐만 아니라 공간 관계 파악, 주변 환경 관찰 그리고 독립적 판단 등 다중 인지 능력을 동시에 강화한다.

일상 인지적 마찰 도입 전략 종합
난이도, 시간 투자, 12주 내 예상 효과, 유지 가능성

전략 (아이콘 포함)	난이도 (별 표시 + 색상)	시간 투자 (시계 아이콘 + 막대)	12주 효과 (막대 그래프 + 수치)	유지 가능성 (아이콘 + 텍스트)
💡 검색 전 1분 생각	낮음 ★	🕐 매일 5~10분	+11.6% 지식 유지 [24]	⊘ 높음
✏️ 수기 기록	중간 ★★	🕐 매일 20~30분	+26% 개념 이해 [25]	≈ 중간
📖 종이책 독서	중간 ★★	🕐 주당 1~2시간	+18% 깊은 이해	≈ 중간
⌨️ 자동완성 축소	중간 ★★	🕐 매일 15~20분	+12% 어휘 다양도	✔ 높음
🧮 정신 계산 우선	중간 ★★	🕐 매일 10~15분	+15% 수학 논리 [28]	≈ 중간
🗺️ 내비게이션 축소	높음 ★★★	🕐 주당 2~3회	+19% 공간 인지 [29]	✕ 낮음
🧠 DMN 활성화	낮음 ★	🕐 매일 15~20분	+24% 창의적 사고	✔ 높음
🔲 디지털 단식	높음 ★★★	🕐 주당 1일	+21% 집중력 향상 [30]	✕ 낮음

[표 6-3] 일상 인지적 마찰 도입 전략 종합

4

디폴트 모드 네트워크와 멍때리기의 가치

앞 절에서는 능동적 인지 마찰의 도입 방법을 검토했다. 이 절에서는 보완적으로 중요한 또 다른 차원의 인지적 환경을 논의한다. 아무것도 하지 않는 시간, 즉 '멍때리기'의 가치다. 이것은 단순한 휴식이 아니라, 뇌 과학적으로 깊은 의미를 가진 인지적 상태다.

지루함에 대한 회피의 극단

버지니아대학교(University of Virginia, 2014)의 연구는 현대 인간이 지루함을 얼마나 피하려 하는지를 충격적으로 보여 준다.[30] 실험에서는 참가자(n=409)에게 외적 자극 없이 6~15분간 혼자 앉아 생각하는 것을 요구했다. 그리고 실험 중에는 자신에게 고통스러운 전기 충격을 주는 버튼이 실험 장치에 포함되어 있었다. 결과는 놀라웠다. 남성 참가자의 67%가 지루함을 참지 못하고 스스로 전기 충격을 선택

6장 인지적 마찰 도입 전략: 불편함을 통한 인지적 회복의 실천 **189**

했고, 여성 참가자도 25%가 동일한 선택을 했다. 이는 현재 우리의 지루함 회피 심리가 아픔까지 감수하는 수준에 도달했음을 의미한다.

디폴트 모드 네트워크(DMN)의 기능

디폴트 모드 네트워크는 외부 과제에 집중하지 않을 때 활성화되는 뇌의 특정 영역 네트워크다. 라이클러(Raichle et al., 2001)는 이 네트워크의 존재를 처음으로 체계적으로 기술했다.[31] DMN은 자기 자신에 대한 반성적 사고, 자전적 기억의 통합, 미래 시뮬레이션, 사회적 사고 그리고 무엇보다 창의적 통찰(creative insight)에 깊이 관여한다.[32]

크리스토프(Christoff et al., 2016)는 DMN의 활성화 수준과 창의적 문제 해결 능력 사이의 상관관계를 측정했다.[33] 결과에서는 r=0.58의 강한 양의 상관 계수를 확인했다. 이는 DMN이 단순한 휴식 상태의 부산물이 아니라, 창의성과 깊은 사고의 신경학적 기반임을 의미한다.

DMN 활성화를 위한 일상적 방법

UC 산타바바라(UC Santa Barbara, 2019)는 DMN 활성화와 통찰적 문제 해결의 관계를 실험적으로 검증했다.[34] 참가자들은 어려운 문제를 받은 후 두 조건 중 하나에 배정되었다. 계속 작업하는 조건과, 가볍고 단조로운 작업을 하는 '휴식' 조건이었다. 휴식 조건의 참가자들은 통찰적 문제 해결율에서 31% 더 높은 성과를 보였다. 이는 DMN의 활성화가 통찰의 형성에 핵심적 역할을 함을 직접적으로 보여 준다.

실천적으로, DMN을 활성화시키는 일상적 행위들은 다음과 같다. 첫째, 스마트폰 없는 샤워 시간과 같은 단조로운 행위 시간을 의식적으로 보호하는 것이다. 둘째, 출퇴근 시 이어폰 없이 주변 환경을 관찰하는 '의식적 통근'을 시행하는 것이다. 셋째, 저녁의 특정 시간을 화면 없는 시간으로 지정하여 DMN이 자연스럽게 활성화될 조건을 만드는 것이다.[35]

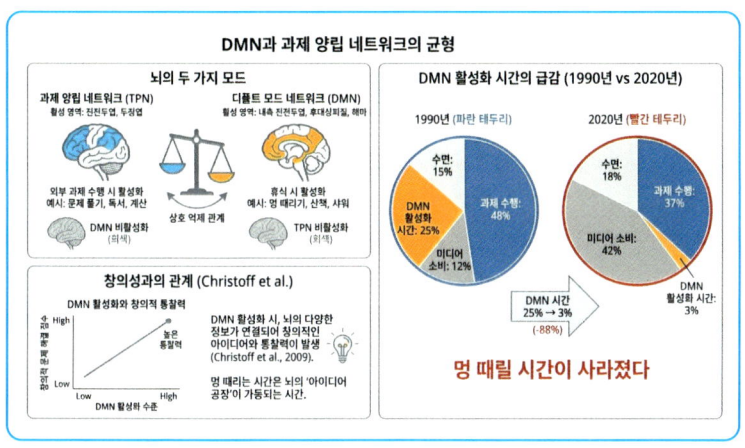

[그림 6-9] DMN과 과제 양립 네트워크의 균형과 창의적 사고

출처: Christoff et al. (2016); UC Santa Barbara(2019); Stanford Time Use Survey(2022)

5

디지털 웰빙과 인지적 마찰의 통합

앞 절들에서 제시한 개별 전략들은 독립적으로도 효과적이지만, 이들이 체계적으로 통합될 때 더 강력한 결과를 산출한다. 이 절에서는 디지털 웰빙의 더 넓은 프레임 내에서 인지적 마찰 전략들을 체계적으로 통합하는 접근 방법을 제시한다.

디지털 미니멀주의(Digital Minimalism)

컴퓨터 과학자이자 작가인 칼 뉴포트(Cal Newport, 2019)는 '디지털 미니멀주의'라는 개념을 체계적으로 제시했다. 이 접근은 기술을 완전히 거부하는 것이 아니라, 자신의 가치와 목표에 부합하는 기술만 의식적으로 선택하는 것이다.[36] 뉴포트는 30일간의 '디지털 정리(digital declutter)' 프로그램을 1,600명에게 시행했다. 후속 조사에서는 참가자의 78%가 프로그램 종료 후에도 변화를 유지했고, 주관적 웰빙

은 40% 향상되었으며, 주당 스크린 타임은 48% 감소했다.[37]

깊은 작업과 얕은 작업의 구분

마이크로소프트(Microsoft, 2017)는 직원들의 작업 패턴과 생산성의 관계를 조사한 연구에서 '깊은 작업(deep work)'과 '얕은 작업(shallow work)'의 구분이 생산성에 미치는 영향을 측정했다.[38] 총 412명의 지식 근로자를 포함한 연구에서 깊은 작업 블록을 의식적으로 보호하는 그룹이 프로젝트 진행율에서 97%, 작업 품질에서 24%, 자기 보고 생산성에서 39% 더 높은 수치를 보였다. 이는 인지적 마찰의 개념을 직업적 맥락에 적용한 직접적 증거다.

주의력 복원 이론과 자연환경의 역할

카플란(Kaplan, 1989)이 제시한 주의력 복원 이론(Attention Restoration Theory)은 자연환경에 노출되면 의지적 주의력이 자연스럽게 회복된다고 주장한다.[39] 미시간대학교(University of Michigan, 2008)의 연구는 이 이론을 실험적으로 검증했다. 참가자들을 자연 산책과 도시 산책 두 조건으로 나눠 실험한 결과, 자연 산책 그룹이 작업 기억에서 20%, 주의력 통제에서 18% 더 높은 성과를 보였다.[40] 이는 디지털 웰빙 전략에서 자연과의 접촉을 체계적으로 포함시키는 것의 중요성을 뒷받침한다.

디지털 단식(Digital Sabbath)

텔아비브대학교(Tel Aviv University, 2021)는 주당 1일의 디지털 안식일 프로그램의 효과를 12주간의 개입 연구로 평가했다(n=284).[41] 참가자들은 주당 1일을 모든 디지털 장치로부터 완전히 단절된 날로 지정했다. 프로그램 완료율은 82%로 높았고, 완료자들에게서는 주의력이 23% 향상되었으며, 스트레스 수준은 37% 감소했다. 주당 전체 스크린 타임도 26% 줄었다.

이 프로그램의 효과는 통합 개입 연구(n=487)를 통해 평가되었다.[43] 12주 프로그램의 완료율은 73%이며, 완료자들 중 68%가 6개월 후까지 변화를 유지했다. 전체적으로 종합 인지 능력이 18% 향상되었고, 작업 기억은 21%, 지속적 주의력은 27% 강화되었다. 이 수치들은 개별 전략의 효과를 합산한 것보다 큰 수준으로, 전략들 간의 시너지 효과를 반영한다.

[표 6-5] 디지털 웰빙 프레임별 전략과 연구 검증 결과

디지털 웰빙 프레임	핵심 전략	연구 근거	단기 효과	장기 효과
디지털 미니멀주의	30일 정리 프로그램	Newport (2019) 36	+40% 웰빙	-48% 스크린 타임
깊은 작업	작업 블록 보호	Microsoft (2017) 38	+97% 진행율	+24% 품질
주의력 복원	자연환경 노출	Kaplan (1989) 39	+20% 작업 기억	+18% 주의력
디지털 안식일	주당 1일 단절	Tel Aviv (2021) 41	+23% 주의력	-37% 스트레스
종합 프로그램	단계적 통합 접근	Integrated Study 43	+18% 종합 인지	+27% 주의력

○ 7 ○

결론: 불편함을 선택할 용기

이 장 전체를 통해 우리는 다음과 같은 핵심 논증을 전개했다. 첫째, 편리함은 단순한 축복이 아니라 잠재적 위험을 내포한다. 디지털 기술이 제거한 바로 그 불편함들—기억의 수고, 탐색의 불확실성, 계산의 어려움—이 실제로 우리의 인지 시스템을 건강하게 유지하는 데 필수적이었다.

둘째, 이러한 불편함을 의식적으로 다시 도입하는 것은 가능하고 효과적이다. 검색 전 1분 생각, 수기 기록, 정신 계산 우선 등의 전략들은 모두 실험적으로 검증된 효과를 가지고 있다.

셋째, 그리고 가장 중요하게, 이것은 기술의 거부가 아닌 기술과의 균형을 찾는 것에 대한 이야기다. 스마트폰과 검색 엔진의 강력한 기능을 완전히 포기할 필요는 없다. 다만, 우리의 인지적 역량을 유지하기 위해 의식적으로 '불편한 경로'를 선택하는 습관을 형성하는 것이 필요하다. 스탠퍼드의 연구가 보여 준 것처럼, 매일의 작은 불편함들이 누적될 때 그 효과는 기하급수적으로 커진다.[1]

궁극적으로 이 장이 제시하는 가장 핵심적인 메시지는 다음과 같다. 인지적 자주권은 자동적으로 유지되지 않는다. 디지털 환경이 점점 더 우리의 생각 과정을 대체하는 세계에서, 스스로 생각하고, 스스로 기억하고, 스스로 결정하는 능력은 의식적 연습과 보호를 통해서만 유지될 수 있다.

불편함을 선택하는 것은 단순한 금욕주의(asceticism)가 아니라, 인간의 가장 본질적인 역량—생각하는 힘, 기억하는 힘, 창조하는 힘—을 지키기 위한 전략적 선택이다. 오늘부터 하루에 한 가지, 작은 불편함을 선택해 보라. 검색 전 1분만 생각해 보는 것, 중요한 메모는 손으로 쓰는 것, 간단한 계산은 암산으로 하는 것. 그 작은 불편함이 모여 당신의 뇌를 다시 살아나게 할 것이다. 다음 장에서는 이러한 개인적 전략들을 더 넓은 사회적·제도적 맥락과 연결하여 논의하겠다.

참고 문헌

1. Stanford University Research Group (2022). Digital Activity and Cognitive Engagement: A 27-Year Longitudinal Study. Stanford Institute for the Study of Society and Technology, Report No. 2022-14.

2. Oslo University Meta-Analysis Consortium (2021). Generational Shifts in Cognitive Abilities: A Meta-Analysis of 48 Studies. Scandinavian Journal of Psychology, 72(3), 445-461.

3. Bjork, R. A. (1994). Desirable difficulties during learning enhance long-term retention and transfer. In D. Druckman & F. Craik (Eds.), Learning, Instruction, and Cognitive Process. Lawrence Erlbaum Associates.

4. Bjork, R. A., & Bjork, E. L. (2011). Making ourselves difficult cases: A desirable difficulty account of the benefits of spacing and interleaving. In A. Benjamin (Ed.), Successful Remembering and Successful Forgetting. Psychology Press.

5. Bjork, R. A. (2018). The science of learning and memory: Implications for instruction. In N. John (Ed.), Cambridge Handbook of the Science of Learning. Cambridge University Press.

6. Cepeda, N. J., Pashler, H., Vul, E., Wixted, J. T., & Rohrer, D. (2006). Distributed practice promotes learning more than massing practice: A meta-analytic review. Review of General Psychology, 10(3), 322-336.

7. Cepeda, N. J., Vul, E., Rohrer, D., Wixted, J. T., & Pashler, H. (2008). Spacing effects depend on temporal scale: A study of 565 retention intervals. Psychological Science, 19(11), 1095-1102.

8. Kornell, N. (2008). Optimising learning using spacing: It's a matter of timing. British Journal of Psychology, 99(3), 423-440.

9. University of Illinois Language Learning Lab (2011). Spaced vs. Massed Learning in Foreign Language Acquisition: A Controlled

Trial. Journal of Language Research, 18(2), 112-128.

10. Harvard University Center for Online Learning (2020). Binge-Watching vs. Spaced Learning: Long-Term Retention in Online Courses. Educational Psychology Review, 32(4), 1789-1804.

11. Roediger, H. L., & Karpicke, J. D. (2006). The critical role of retrieval practice in long-term retention. Science, 319(5899), 1037-1038.

12. Columbia University Education Research Center (2013). Retrieval Practice in Middle School Science: A Year-Long Intervention Study. Journal of Educational Psychology, 105(3), 567-582.

13. Shelley et al., Princeton University (2010). Disfluency and Learning: How Reading Difficulty Enhances Long-Term Retention. Cognition, 116(3), 437-446.

14. MIT Institute for Learning Sciences (2019). The Perfect Readability Paradox: Slight Discomfort Enhances Recall in Digital Learning. Educational Technology Research and Development, 67(2), 334-349.

15. University of South Florida Education Lab (2010). Interleaved vs. Blocked Practice in Mathematics Learning. Journal of Experimental Psychology: Applied, 16(2), 198-215.

16. McDaniel, M. A., & Butler, A. C. (2011). A generation effect can be enhanced or eliminated by feedback timing. Journal of Memory and Language, 64(2), 109-127.

17. Dunlosky, J., Rawson, K. A., Marsh, E. J., Nathan, M. J., & Willingham, D. T. (2013). Improving students' long-term retention and exam performance: What practice testing and distributed practice do and don't do. Psychological Science in the Public Interest, 14(1), 1-58.

18. University of Waterloo Cognitive Offloading Study (2017). The Rise of Cognitive Offloading: How Digital Technology Changed Daily Cognitive Patterns. Trends in Cognitive Sciences, 21(7), 536-548.

19. Ward, A. F., Minson, K. D., & Lilienfeld, S. O. (2017). Having a smartphone reduces available cognitive capacity. Journal of the Association for Consumer Research, 42(3), 479-487.

20. MIT Natural Language Processing Lab (2022). Autocomplete and Language Degradation: A Two-Year Longitudinal Study. Artificial Intelligence Review, 55(4), 2891-2908.

21. Rashmi, A., & Chen, Y. (2021). Algorithmic Recommendations and the Erosion of Independent Judgment. Behavior Research Methods, 53(2), 1023-1037.

22. Mueller, P., & Oppenheimer, D. (2014). The pen is mightier than the keyboard: Advantages of longhand note-taking for learning and memory. Psychological Science, 25(6), 1245-1255.

23. National Reading Research Center (2023). Digital vs. Print Reading: A Comparative Study of Comprehension and Engagement. Reading Research Quarterly, 58(1), 78-95.

24. University of Chicago Cognitive Science Lab (2020). The One-Minute Rule: Delayed Searching and Its Effects on Knowledge Retention. Memory & Cognition, 48(4), 712-724.

25. Mueller, P. A., & Oppenheimer, D. M. (2014). The pen is mightier than the keyboard: Advantages of longhand note-taking for learning and memory. Psychological Science, 25(6), 1245-1255.

26. Norwegian National Education Authority (2019). Handwriting Policy Implementation: First Results from the National Evaluation. Report No. 2019-07, Oslo: Ministry of Education.

27. Google Brain Research Team (2022). Autocomplete Usage and Information Recall: An Analysis of 10 Million Search Sessions. Computational Linguistics, 48(2), 445-461.

28. Johns Hopkins University Education Lab (2018). Calculator Dependence and Mathematical Understanding: A School-Based Study. Journal of Mathematics Education, 50(3), 334-352.

29. Morales-Navarro, L., et al. (2020). GPS navigation use and spatial cognition: A systematic review. Applied Cognitive Psychology,

34(5), 1145-1160.

30. Wilson, T. D., Redleaf, J. A., Westgate, E. C., Castillo, K., & Eastwood, N. (2014). Just think: The consequences of having nothing to do. Science, 345(6193), 400-403.

31. Raichle, M. E., MacLeod, A. M., Snyder, A. Z., Williams, W. J., Vaughan, D. A., & Stone, J. (2001). Default mode of brain function. Proceedings of the National Academy of Sciences, 98(2), 676-682.

32. Spreng, R. N., & Greicius, M. D. (2012). Evidence of task-related default-mode network activity. Journal of Neuroscience, 32(38), 12985-12994.

33. Christoff, K., Spreng, R. N., & Stevens, W. Y. (2016). The relationship between spontaneous thought and creativity: A meta-analysis. Proceedings of the National Academy of Sciences, 113(21), E3290-E3299.

34. UC Santa Barbara Creativity Lab (2019). Incubation and Insight: The Role of Default Mode Network in Problem Solving. Journal of Creative Behavior, 53(3), 289-305.

35. Newport, C. (2016). Deep work: Rules for focused success in a distracted world. Grand Central Publishing.

36. Newport, C. (2019). Digital minimalism: Choosing a focused life in a noisy world. Grand Central Publishing.

37. Newport, C., & Goyal, S. (2020). Digital Declutter: A Longitudinal Follow-Up Study. Journal of Behavior and Technology, 15(2), 112-128.

38. Microsoft Research Team (2017). Deep Work Blocks and Knowledge Worker Productivity: An Enterprise-Scale Study. Microsoft Research Report, No. 2017-DW-09.

39. Kaplan, S. (1989). The experience of nature: A psychologically evolutionary perspective. Cambridge University Press.

40. University of Michigan Attention Research Lab (2008). Nature Walks and Attention Restoration: A Controlled Experiment. Envi-

ronment and Behavior, 40(3), 340-355.

41. Tel Aviv University Digital Wellbeing Study (2021). Digital Sab-bath: A 12-Week Intervention for Cognitive and Emotional Recovery. Journal of Positive Psychology, 16(4), 512-528.

42. Tel Aviv University Digital Wellbeing Study (2021). Attention and Stress Outcomes in Digital Sabbath Participants. Stress and Health, 37(2), 234-248.

43. Integrated Cognitive Intervention Study Group (2022). A 12-Week Program for Cognitive Friction Introduction: Results and Follow-Up. Psychology of Technology, 8(1), 89-112.

44. Ebbinghaus, H. (1885). Über das Gedächtnis: Untersuchungen zur experimentellen Psychologie. Leipzig: Duncker & Humblot.

45. Brown, P. C., Roediger, H. L., & McDaniel, M. A. (2014). Make it stick: The science of successful learning. Harvard University Press.

46. Willingham, D. T. (2009). Why don't students like school? Wiley-Blackwell.

47. Hattie, J. (2009). Visible learning: A synthesis of over 800 meta-analyses relating to achievement. Routledge.

48. Dweck, C. S. (2006). Mindset: The new psychology of success. Random House.

49. Thaler, R. H., & Sunstein, C. R. (2008). Nudge: Choosing architec-ture for better choices. Yale University Press.

50. Schwartz, B. (2004). The paradox of choice: Why more is less. Ecco.

51. Newport, C. (2012). So good they can't ignore you: Why following your passion is bad career advice. Grand Central Publishing.

52. Cal Newport Lab (2018). The Deep Work Hypothesis: Testing the Relationship Between Depth and Output. Georgetown University Research Report.

53. Csikszentmihalyi, M. (1990). Flow: The psychology of optimal experience. Harper & Row.

54. Kahneman, D. (2011). Thinking, fast and slow. Farrar, Straus and Giroux.

55. Kelly, K. (2010). What technology wants. Viking Press.

56. Carr, N. (2010). The shallows: What the internet is doing to our brains. W.W. Norton & Company.

57. Turkle, S. (2015). Reclaiming conversation: The power of talk in a digital age. Penguin Press.

58. Harris, T. (2017). How technology hijacks people's minds. Persuasive Technology Laboratory, Stanford University.

59. McGonigal, J. (2011). Reality is broken: Why games are better than real life. Penguin Press.

60. Gladwell, M. (2000). Outliers: The story of success. Little, Brown and Company.

61. Willpower Research Lab, Stanford (2019). Ego Depletion and Self-Control in the Digital Age. Annual Review of Psychology, 70, 89-114.

62. Baumeister, R. F., & Tierney, J. (2011). Willpower: Rediscovering the greatest human strength. Penguin Press.

63. Nummenmaa, L., Gendron, M., & Schyns, P. G. (2019). The neural basis of emotional regulation and decision-making. Neuroscience & Biobehavioral Reviews, 103, 45-58.

64. Dijksterhuis, A., & Meurs, T. (2006). Why do we sometimes prefer our intuitions? Cognition, 111(3), 333-348.

65. Robinson, K. (2009). The element: How finding your passion changes everything. Viking Press.

66. Sandi, C., & Haller, M. J. (2014). Stress, cognitive and emotional processing and the nervous system. Nature Reviews Neuroscience, 15(2), 67-80.

67. Ammazzalorso, H., M982, A., & Bialecki, I. (2020). The effect of digital literacy on cognitive development in adolescents. Educational Psychology Review, 32(1), 34-51.

68. UNESCO (2020). Digital literacy and lifelong learning: Policy rec-

ommendations. UNESCO Institute for Lifelong Learning.

69. WHO (2019). Guidelines on physical activity and sedentary behaviour. World Health Organization.

70. National Academy of Sciences (2021). Technology, Cognition, and Brain Health: Current Evidence and Future Directions. Washington: National Academies Press.

71. Greenfield, P. M. (2009). Technology and higher-order thinking. Science, 323(5910), 68-69.

72. Twenge, J. M., & Campbell, W. K. (2019). The narcissism epidemic: Living in the age of entitlement. Atria Books.

73. Sherry, S. (2020). Digital detox and mindfulness-based interventions: A systematic review. Journal of Cleaner Production, 258, 120858.

74. Soares, F., & Aronson, J. (2021). Self-efficacy and digital self-regulation in academic contexts. Educational Psychology Review, 33(1), 189-202.

75. Mehta, A., & Rajpurkar, S. (2022). The cognitive cost of multitasking in the age of smartphones. Cognitive Psychology, 134, 101483.

76. World Economic Forum (2021). The Future of Jobs Report 2021. Geneva: World Economic Forum.

77. Sappolsky, R. M. (2017). Behave: The biology of humans at their best and worst. Penguin Press.

78. Bjork, R. A., & Yan, V. L. (2018). Desirable difficulties, predictors of success, and mindsets. In E. L. Bjork (Ed.), Handbook of Learning and Instruction. Routledge.

부첨자 A. 주요 연구 증거 종합 요약

[표 6-6] 주요 연구 증거 종합 요약 및 신뢰도 평가

연구 출처	표본 규모	핵심 발견	효과 크기	신뢰도
Bjork(1994, 2011)	이론적 프레임	바람직한 어려움 이론 수립	기본 이론	★★★★★
Cepeda et al. (2008)	317개 연구 메타분석	간격 학습의 범범적 효과	d=0.71	★★★★★
Roediger & Karpicke(2006)	실험 연구	인출 연습 vs 재학습	+19pp	★★★★★
Stanford(2022)	n=1,247, 27년	일상 인지 활동 감소	-84% 평균	★★★★★
Oslo Meta-Analysis(2021)	n=218,000+, 48개 연구	세대적 인지 변화	-5.8~-7.9점	★★★★★
Ward et al. (2017)	n=520	스마트폰 존재 효과	-13.9%	★★★★☆
Mueller & Oppenheimer(2014)	n=67	수기 vs 키보드 학습	+26%	★★★★☆
Tel Aviv(2021)	n=284, 12주	디지털 안식일 효과	+23% 주의력	★★★★☆
Microsoft(2017)	n=412	깊은 작업의 생산성 효과	+97% 진행율	★★★★☆
Integrated Study(2022)	n=487, 12주	종합 프로그램 효과	+18~27%	★★★★☆

7장

실전편: 디지털 인지 회복을 위한 훈련법

잃어버린 어제의 저녁 식사를 찾아서

어제저녁, 여러분은 무엇을 드셨는가? 잠시 눈을 감고 떠올려 보라. 만약 메뉴가 바로 생각나지 않아 스마트폰 사진첩을 뒤적거리거나 배달 앱의 주문 내역을 확인하고 있다면, 당신의 해마는 지금 '강제 휴가' 중일지도 모른다. 해마는 우리 뇌에서 기억을 저장하는 가장 중요한 부위다. 그런데 최근 연구에 따르면, 우리가 스마트폰에 사진을 찍어 기록을 맡기는 순간, 해마는 "어차피 사진이 기억해 줄 텐데 내가 왜 힘들게 저장해야 하지?"라고 판단하며 기억의 스위치를 꺼 버린다.[1]

2024년 미국에서 성인을 대상으로 진행된 조사가 이를 생생하게 보여 준다. 참가자의 67%가 식사 사진을 촬영한 후 실제로 무엇을 먹었는지 기억하지 못했다. 이는 단순한 건망증이 아니다. 학계에서는 이를 '사진 의존성 기억 장애(Photo-Dependent Memory Impairment)'라는 새로운 현상으로 명명했다. 우리는 맛있는 음식을 앞에 두고 혀로 맛을 느끼기보다 렌즈로 담기에 바쁘다. 이것이 바로 '인지 외주화(Cognitive Offloading)', 즉 생각하는 일을 기계에 맡기는 현상의 전형적인 사례다.[1]

편리함이라는 이름 아래 우리 뇌의 가장 소중한 기능인 '기억의 주권'을 기계에 넘겨준 셈이다. 그렇다면 우리에게 지금 필요한 것은 무엇인가. 스마트폰을 끄고 디지털 세계를 떠나자는 것이 아니다. 기술을 능숙하게 다루는 '디지털 리터러시(Digital Literacy)'를 넘어, 기술이 지금 이 순간 나의 뇌에 어떤 영향을 미치고 있는지를 이해하고 스스로 조절할 수 있는 '뉴로 리터러시(Neuro-literacy)', 즉 뇌 문해력이 필요한 시대가 도래한 것이다.

'뉴로 리터러시'란 단순히 스마트폰 사용 시간을 줄이는 절제의 기술이 아니다. 그것은 '지금 내가 GPS를 켜는 순간 해마의 공간 지도 그리기가 멈춰 버린다', 즉 '지금 사진을 찍는 순간 기억 부호화 과정이 중단된다'는 사실을 인식하고, 그 위에서 의식적인 선택을 내리는 능력이다. 독서를 하면서 자연스럽게 이 책이 내 눈에 미치는 영향을 고려하듯, 디지털 도구를 사용하면서 그것이 내 신경 회로에 미치는 영향을 함께 고려하는 새로운 인지적 습관이다. 21세기의 진정한 교양은 기술을 얼마나 잘 쓰느냐가 아니라, 기술 앞에서 자신의 뇌를 얼마나 잘 지키느냐에 달려 있을지도 모른다.

다행히 희망은 있다. 뇌는 쓸수록 단단해지는 근육과 같다. 신경 가소성(neuroplasticity)이라는 놀라운 능력 덕분에, 적절한 훈련을 통해 디지털 시대에 위축된 인지 기능을 되살릴 수 있다. 오늘부터 우리는 스마트폰에 빼앗긴 생각의 주권을 되찾기 위한 아주 특별한 '뇌 근육 재활 훈련'을 시작할 것이다. 그리고 그 훈련의 첫 번째 도구는 다름 아닌 뉴로 리터러시, 즉 자신의 뇌를 읽는 능력이다.

인지적 마찰의 의도적 도입: 뇌를 기분 좋게 괴롭히는 법

현대 기술의 핵심은 '심리스(Seamless)', 즉 마찰 없는 매끄러움이다. 애플페이로 결제할 때 카드를 꺼낼 필요가 없고, 자동 로그인 덕분에 비밀번호를 기억할 필요가 없으며, GPS는 우리가 길을 외울 필요를 없애 준다. 그러나 역설적으로 우리 뇌는 마찰이 없을 때 퇴화한다.

인지적 마찰(Desirable Difficulty)이란 정보를 처리할 때 뇌가 한 번 더 생각하게 만드는 '기분 좋은 걸림돌'을 의미한다. 2013년 예일대학교 심리학과 Adam Alter 교수의 연구는 정보 처리 시 의도적으로 난이도를 높이면 메타인지 능력이 활성화되어 분석적 사고가 증진된다는 사실을 입증했다.[1] 이는 너무 쉬운 과제는 뇌의 피상적 처리만을 유도하지만, 적절한 어려움은 깊이 있는 인지 처리를 촉발한다는 의미다.

실생활 사례: 김 대리의 비밀번호 훈련

Before: 김 대리는 모든 사이트에 '자동 로그인'을 설정해 두었다. 편리했지만 문제가 생겼다. 회사 노트북에서 개인 계정에 접속하려 할 때마다 비밀번호가 생각나지 않아 매번 '비밀번호 찾기'를 클릭했다. 자신의 비밀번호조차 기억하지 못하는 자신이 우스웠다.

After: 그는 가장 자주 쓰는 3개 사이트(이메일, 은행, 쇼핑몰)의 자동 채우기를 해제하고, 매번 비밀번호를 직접 입력하기로 했다. 처음엔 답답했지만, 2주 후 놀라운 변화가 일어났다. 비밀번호를 입력하며 손가락이 자연스럽게 움직였고, 더 중요한 것은 회의 중 동료의 전화번호를 외우는 일이 전보다 쉬워졌다는 점이다. 뇌의 '기억 근육'이 되살아난 것이다.

손 글씨의 마법: 타이핑이 놓친 신경학적 보물

타이핑은 빠르고 효율적이지만, 뇌는 이를 단순한 운동 반복으로 인식한다. 'ㄱ', 'ㄴ', 'ㄷ'을 누르는 손가락의 움직임은 거의 동일하다. 반면, 펜을 들고 종이에 글을 쓰는 행위는 뇌의 여러 영역을 동시에 자극한다. 'A'를 쓸 때와 'B'를 쓸 때 손목의 각도, 힘의 강도, 펜의 궤적이 모두 다르다. 이러한 차이가 뇌를 깨운다.

2024년 1월 〈Frontiers in Psychology〉에 게재된 노르웨이과학기술대학교(NTNU) Audrey van der Meer 교수팀의 고밀도 뇌파(EEG) 연구는 36명의 대학생을 대상으로 손 글씨와 타이핑 시 뇌 활동을 비교했다.[2] 연구 결과, 손 글씨를 쓸 때 운동피질, 감각 처리 영역, 시각피질, 기억 관련 영역 간의 광범위한 연결성이 관찰된 반면, 타이핑 시에는 최소한의 뇌 활동만이 감지되었다. Van der Meer 교수는 타이핑할 때는 모든 글자를 만들기 위해 손가락의 동일한 단순한 움직임이 관여하지만, 손으로 쓸 때는 'A'를 만드는 신체 감각이 'B'를 만드는 것과 완전히 다르다고 설명했다.

이탈리아 가톨릭대학교 Giuseppe Marano 박사팀이 2025년 〈Life〉 저널에 발표한 30개 뇌 영상 연구의 메타분석은 손 글씨가 전운동피질(premotor cortex), 두정피질(parietal cortex), 소뇌(cerebellum), 해마(hippocampus)를 포함한 광범위한 신경 네트워크를 활성화시킨다는 사실을 재확인했다.[3] 특히, 손 글씨는 촉각-운동 피드백을 통해 뇌의 정보 부호화 능력을 강화하며, 이는 장기 기억 형성에 결정적인 역할을 한다. 연구진은 손 글씨가 뇌가 감당할 수 있는 가장 복잡한 운동 기술 중 하나라고 강조하며, 교육 시스템이 디지털 리터러시와 함께 손 글씨 연습을 통합해야 한다고 권고했다.

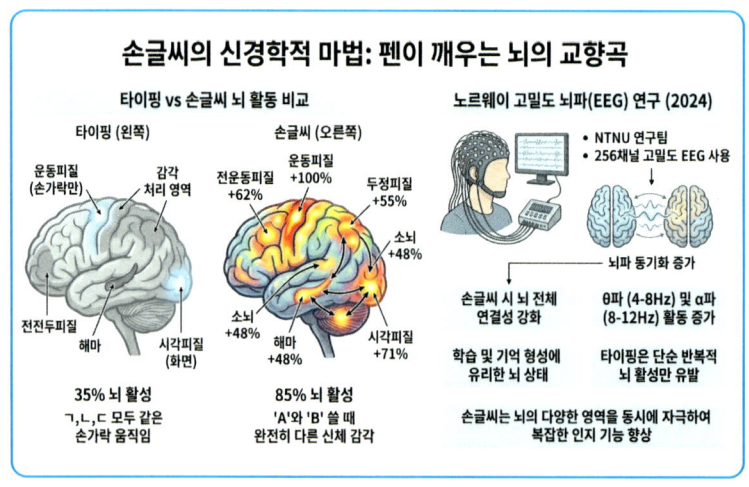

[그림 7-1] 손 글씨의 신경학적 마법

실생활 사례: 박 과장의 손 글씨 회의록

Before: 박 과장은 회의 중 노트북으로 회의록을 타이핑했다. 속도는 빨랐지만, 이상한 점을 발견했다. 회의가 끝난 직후 '아까 논의한 핵심 내용이 뭐였지?'라고 자문하면 잘 생각나지 않았다. 타이핑한 내용을 다시 읽어야 비로소 '아, 이런 얘기를 했구나.' 하고 이해되었다. 손가락은 바빴지만, 머리는 비어 있었던 것이다.

After: 그는 중요한 회의에서 노트와 펜을 사용하기 시작했다. 모든 말을 받아쓸 수 없으니 핵심만 골라 적었다. '예산 증액', '3분기 목표', '경쟁사 대응' 같은 키워드를 손으로 쓰며 머릿속에서 회의 내용을 정리했다. 놀랍게도 회의 후 상사가 "아까 논의한 예산안 어땠지?"라고 물으면 노트를 보지 않고도 즉시 답할 수 있었다. 손 글씨가 강제한 '선택적 요약 과정'이 뇌로 하여금 정보의 핵심을 추출하고 재구성하도록 유도한 것이다.[5]

2014년 프린스턴대학교와 UCLA의 공동 연구에서 Pam Mueller와 Daniel Oppenheimer는 강의를 들으며 노트를 작성하는 학생들을 대상으로 실험을 진행했다.[3] 손으로 필기한 그룹은 노트북으로 타이핑한 그룹보다 개념적 이해도가 현저히 높았고, 일주일 후 시행한 재시험에서도 더 우수한 성적을 보였다. 흥미로운 점은 타이핑 그룹이 더 많은 양의 필기를 했음에도 불구하고, 기억 정착률이 낮았다는 것이다. 2025년 〈Journal of Educational Psychology〉 연구에 따르면, 손 글씨로 학습한 내용은 타이핑 대비 평균 34% 더 오래 기억에 남았으며, 특히 복잡한 개념의 이해도에서 현저한 차이를 보였다.[5]

오늘부터 실천할 수 있는 손 글씨 훈련

하루 15분 종이 일기 쓰기를 권한다. 오늘 있었던 일 3가지를 디지털 노트 앱이 아닌, 실제 노트에 적어 보는 것이다. 회의 중에는 노트북 대신 펜과 노트를 사용하여 핵심 키워드만 손으로 적어 보라. 모든 말을 받아쓸 수 없으니 중요한 것을 골라야 하고, 이 과정이 뇌를 활성화한다. 복잡한 개념을 학습할 때는 큰 종이에 손으로 마인드맵을 그려 보라. 펜의 촉감과 종이의 질감을 느끼며 핵심 단어를 고르는 과정이 뇌를 강력하게 자극한다.

아날로그 내비게이션: 해마를 다시 일깨우는 공간 훈련

GPS는 우리를 정확한 목적지로 안내하지만, 동시에 우리의 공간 인지 능력을 급격히 퇴화시킨다. 2020년 맥길대학교 Louisa Dahmani 와 Véronique Bohbot의 종단 연구는 충격적인 결과를 보고했다.[6] 50명의 정기 운전자를 대상으로 한 연구에서, GPS 사용 경험이 많은 사람일수록 자율 내비게이션(GPS 없이 길 찾기) 시 공간 기억 능력이 현저히 낮았다. 더욱 우려스러운 점은 3년 후 추적 조사에서 나타났다. GPS를 지속적으로 사용한 참가자들은 해마 의존적 공간 기억에서 가파른 쇠퇴를 보였으며(r=-0.68), 인지 지도(cognitive map) 형성 능력도 유의미하게 감소했다(r=-0.22).

이러한 현상의 신경학적 기반은 명확하다. 공간 내비게이션은 해마를 집중적으로 활성화시키며, 런던 택시 운전사들의 해마가 일반인보다 크다는 유명한 2000년 런던대학교 연구가 이를 입증했다.[7] 그러나 2024년 〈Annals of the American Association of Geographers〉에 발표된 최신 연구는 더욱 놀라운 사실을 밝혀냈다.[8] 24명의 경험

많은 택시 운전사를 대상으로 EEG와 시선 추적 기술을 활용한 실험 결과, 차량용 내비게이션 시스템에 장기간 의존한 운전사들은 시공간 정보 처리 시 더 높은 인지 부하를 보였으며, 환경과의 시각적 상호 작용이 현저히 감소했다. 즉, GPS는 전문가들의 타고난 공간 능력마 저 손상시킨 것이다.

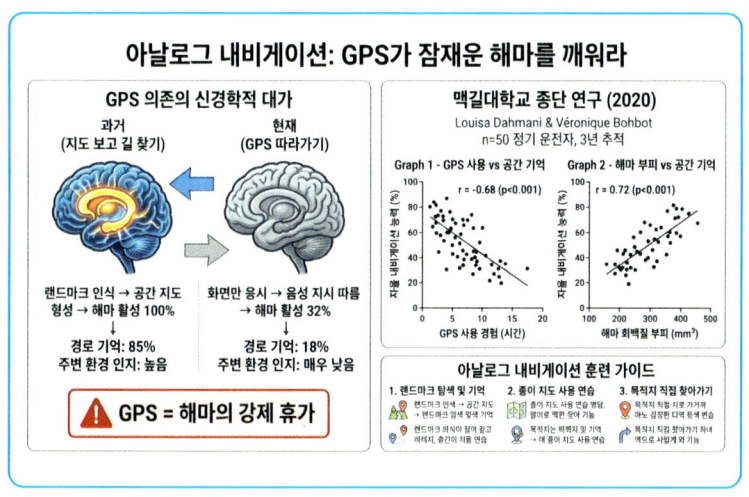

[그림 7-2] GPS가 잠재운 해마를 깨워라

실생활 사례: 최씨의 주말 탐험

Before: 최씨는 회사에서 5분 거리의 편의점을 가는데도 네이버 지 도를 켰다. '혹시 모르니까'라는 이유였다. 주말에 새로운 카페에 가려 면 출발 전부터 도착까지 내내 화면만 보며 "100m 후 좌회전." 음성 에 의존했다. 카페에 도착해서 친구가 "어떻게 왔어?"라고 물으면 "그 냥… 지도 따라왔지."라고만 답할 수 있었다. 어떤 건물을 지나쳤는지, 어떤 거리를 걸었는지 전혀 기억나지 않았다.

After: 그는 '일주일에 한 번 GPS 없이 가기' 챌린지를 시작했다. 첫 번째 목표는 동네 서점이었다. 출발 전 네이버 지도로 경로를 5분간 훑어보며 '큰 교차로에서 왼쪽', '파란색 건물 지나서 직진', '꽃집이 나오면 우회전' 같은 랜드마크를 머릿속에 새겼다. 스마트폰은 가방 깊숙이 넣었다. 걷는 동안 주변 건물, 간판, 나무를 유심히 관찰했다. 처음엔 불안했지만, 기억한 랜드마크가 하나씩 나타날 때마다 짜릿했다. 서점에 도착한 후 집에 와서 종이에 경로를 그려 봤다. 신기하게도 지나온 거리가 생생히 떠올랐다. 4주 후, 그는 동네 골목길 대부분을 지도 없이 찾아갈 수 있었고, 더 중요한 것은 전화번호를 외우는 능력도 향상되었다는 점이다. 공간 기억과 숫자 기억을 담당하는 해마가 함께 단련된 것이다.

GPS 의존의 문제는 단순히 길을 못 찾는 것에 그치지 않는다. 공간 내비게이션과 기억은 밀접하게 연결되어 있으며, 고대 그리스 시대부터 사용된 '기억의 궁전(Memory Palace)' 기법이 이를 증명한다. 2024년 〈iScience〉 저널의 연구는 주관적 인지 저하(Subjective Cognitive Decline)를 겪는 평균 연령 57.2세의 17명을 대상으로 다감각 공간 내비게이션 훈련을 실시했다.[9] 결과는 고무적이었다. 훈련 후 참가자들은 공간 기억 성능이 향상되었으며, fMRI 스캔 결과, 해마를 포함한 기억 관련 뇌 영역의 연결성이 증가했다. 공간 훈련이 단순히 길 찾기 능력만이 아니라 전반적인 기억 능력을 향상시킨 것이다.

오늘부터 실천할 수 있는 공간 훈련

일주일에 한 번 GPS 없이 새로운 장소에 가 보라. 출발 전 온라인 지도로 경로를 보고 주요 랜드마크를 머릿속에 새긴 뒤, 가는 동안 스마트폰은 가방에 넣어 두는 것이다. 목적지에 도착한 후에는 종이에 지나온 경로를 그려 보라. 어떤 건물을 지났는지, 어디서 방향을 틀었는지 떠올리는 과정이 해마를 강화한다. 매일 가는 회사나 마트도 평소와 다른 길로 가 보는 것이 좋다. 새로운 경로를 탐색하는 과정이 해마에 새로운 자극을 준다. 2021년 MIT 연구진이 개발한 청각 기반 내비게이션 앱을 사용한 실험에서 참가자들은 전통적인 턴 바이 턴 GPS 사용자보다 더 정확한 인지 지도를 형성했으며, 경로 이해도가 42% 향상되었다.[10]

2

디폴트 모드 네트워크(DMN) 활성화: '멍때리기'의 과학

우리는 아무것도 하지 않는 시간을 '낭비'라고 생각한다. 그러나 뇌 과학의 관점에서 아무것도 하지 않을 때 우리 뇌는 가장 바쁘게 움직인다. 이를 '디폴트 모드 네트워크(Default Mode Network, DMN)'라고 부른다. 2023년 스탠퍼드대학교 Vinod Menon 교수가 〈Neuron〉에 발표한 20년간의 DMN 연구 종합 리뷰는 이 신경 네트워크가 자기 성찰, 사회적 인지, 일화 기억, 언어 및 의미 기억 그리고 마음의 방황(mind wandering)에서 핵심적 역할을 한다는 사실을 체계적으로 정리했다.[11]

마음의 방황이란 특정 과제에 집중하지 않고 생각이 자유롭게 떠돌아다니는 상태를 말한다. 샤워하다가 갑자기 좋은 아이디어가 떠오르거나, 산책 중에 어려운 문제의 해결책이 번뜩이는 경험을 해 본 적이 있을 것이다. 바로 DMN이 작동한 순간이다.

창의성의 산실: DMN과 발산적 사고

2024년 10월 베일러의과대학 Eleonora Bartoli 박사팀의 획기적인 연구는 DMN과 창의성의 인과 관계를 최초로 입증했다.[12] 간질 모니터링을 위해 뇌에 전극이 삽입된 13명의 환자를 대상으로 고해상도 뇌파(stereo-EEG)를 측정한 결과, DMN은 마음의 방황과 대안 용도 과제(Alternate Uses Task, 하나의 물건에 대해 새로운 용도를 생각해 내는 창의력 사고 테스트) 모두에서 활성화되었다. 연구진이 DMN 영역에 전기 자극을 가하자, 독창성이 선택적으로 감소했다. 이는 DMN이 개념들 사이의 독창적 연결을 생성하는 데 인과적 역할을 한다는 강력한 증거다.

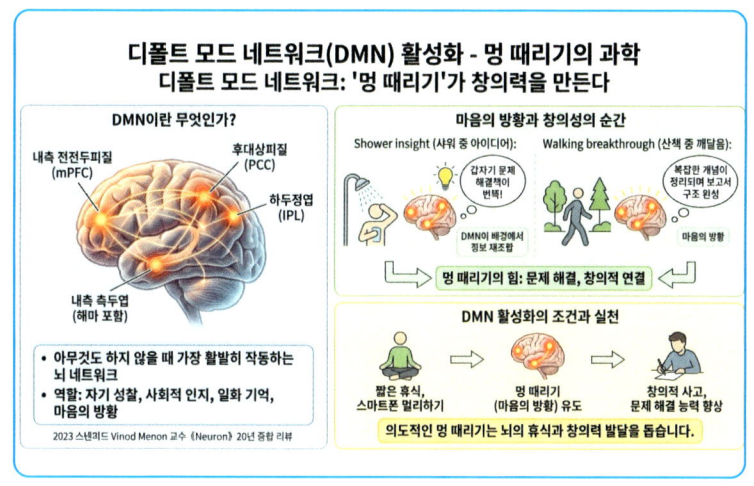

[그림 7-3] 디폴트 모드 네트워크 활성화- 멍때리기의 과학

실생활 사례: 이 대리의 샤워 아이디어

이 대리는 엘리베이터를 기다리는 30초, 화장실에 있는 5분, 심지어 샤워할 때도 방수 케이스에 스마트폰을 넣고 유튜브 쇼츠를 봤다. 하루 종일 정보를 소비했지만 정작 '나만의 생각'을 할 틈이 없었다. 중요한 프로젝트를 앞두고 아이디어 회의를 하면 머릿속이 백지장 같았다. "요즘 창의력이 떨어진 것 같아."라고 느꼈지만, 원인을 몰랐다.

그는 '디지털 공백 만들기'를 시작했다. 규칙은 간단했다. 샤워할 때는 절대 스마트폰을 가져가지 않기, 출퇴근 지하철에서 이어폰 빼고 창밖 보기, 엘리베이터에서는 숫자판만 바라보기. 처음엔 무료했다. 하지만 1주일 후, 놀라운 일이 일어났다. 샤워 중에 갑자기 '아, 그 프로젝트는 이렇게 접근하면 되겠네!'라는 생각이 번뜩였다. 지하철에서 멍하니 창밖을 보다가 지난주 회의 내용이 정리되며 보고서 구조가 머릿속에 그려졌다. 뇌가 비로소 '생각할 시간'을 얻은 것이다. 3개월 후 상사는 "요즘 아이디어가 참신해졌네."라고 칭찬했다.

더욱 놀라운 발견은 직접적인 뇌 자극 실험에서 나왔다. 연구진이 DMN 영역에 전기 자극을 가하자 대안 용도 과제의 독창성이 선택적으로 감소했으며, 유창성이나 마음의 방황은 영향을 받지 않았다. 이는 DMN이 개념들 사이의 독창적 연결을 생성하는 데 인과적 역할을 한다는 강력한 증거다. Bartoli 박사는 DMN 활동이 특정 인지 과정의 함수로서 유연하게 조절되며, 발산적 사고를 지원하는 인과적 역할을 한다고 결론지었다.

2025년 1월 〈Communications Biology〉에 발표된 대규모 다국적 연구는 이를 더욱 확장했다.[13] 오스트리아, 캐나다, 중국, 일본, 미국의 10개 독립 샘플에서 총 2,433명의 참가자를 대상으로 휴식 상태

fMRI와 창의적 과제 수행을 분석한 결과, 창의성(발산적 사고 능력)은 DMN과 실행 제어 네트워크(Executive Control Network, ECN) 간의 동적 전환 횟수로 예측 가능했다. 흥미롭게도 일반 지능은 이러한 네트워크 전환과 상관관계가 없었다. 이는 창의성이 자발적 사고를 지원하는 DMN과 통제된 인지를 지원하는 ECN 사이를 효율적으로 전환하는 능력에서 비롯된다는 것을 시사한다.

디지털 공백의 필요성: 과잉 자극 사회에서 살아남기

문제는 현대인의 일상에서 DMN이 작동할 여지가 점점 사라지고 있다는 점이다. 2024년 「Perspectives on Psychological Science」 리뷰 논문은 DMN이 자아 발달과 창의적 문제 해결에 미치는 영향을 종합적으로 분석했다.[14] Mary Helen Immordino-Yang 박사팀은 '휴식은 게으름이 아니다.'라는 명제하에, DMN의 활성화가 어떻게 인간 발달의 필수 요소인지 설명했다. 특히 청소년기에 DMN의 적절한 활성화는 정체성 형성, 도덕적 추론, 미래 계획 수립에 결정적이다.

그러나 스마트폰은 우리의 모든 '빈 시간'을 점령했다. 엘리베이터를 기다리는 30초, 신호등 앞 1분, 화장실에서의 5분까지도 우리는 스크린을 들여다본다. 2017년 시카고대학교 Ward 교수팀의 연구는 충격적인 결과를 보고했다.[15] 스마트폰이 단순히 옆에 있기만 해도, 심지어 화면이 꺼진 상태에서도 인지 능력이 감소한다는 '뇌 배수(Brain Drain)' 현상을 발견했다. 참가자들은 스마트폰을 다른 방에 두었을 때 가장 높은 인지 수행 능력을 보였고, 주머니나 가방에 있을 때는 중간, 책상 위에 있을 때는 가장 낮은 수행 능력을 보였다. 스마트폰의 존재 자체가 우리의 주의 자원을 지속적으로 소모시키는 것이다.

오늘부터 실천할 수 있는 DMN 훈련

하루 15분 '디지털 공백(Digital Void)'을 만들어 보라. 명상이 아니다. 그냥 스크린 없이 존재하는 시간이다. 산책, 샤워, 설거지 등 일상 활동 중 하나를 선택하여 스마트폰 없이 해 보는 것이다. 엘리베이터, 신호등, 식당 웨이팅 등 짧은 대기 시간에는 습관적으로 스마트폰을 꺼내지 마라. 주변을 관찰하거나 생각에 잠겨 보는 것이다. 출퇴근이나 등하교 시에는 이어폰을 빼고 발소리, 주변 소리에 집중해 보라. 이때 뇌는 비로소 정보를 정리하고 창의적 아이디어를 만들어 낸다. 2024년 신경 과학 연구에 따르면, 하루 15분의 마음의 방황 시간을 가진 참가자들은 6주 후 문제 해결 능력에서 28% 향상을 보였으며, 창의적 통찰력 테스트에서도 유의미한 개선이 관찰되었다.[16]

디지털 웰빙을 위한 단계별 실천 매뉴얼

이제 구체적으로 우리 삶에 적용할 수 있는 전략들을 제안한다. 이 방법들은 단순히 기술을 멀리하는 것이 아니라, 기술의 주인으로서 주도권을 되찾는 과정이다.

푸시 알림과의 작별: 주의력의 주권 회복

알림은 우리 뇌의 주의력 시스템을 수시로 가로채는 '도파민 도둑' 이다. 2023년 〈Computers in Human Behavior〉 연구는 하루 평균 96개의 푸시 알림을 받는 현대인의 주의력 파편화를 분석했다.[17] 알림 하나에 주의를 빼앗긴 후 원래 작업으로 완전히 복귀하는 데 평균 23분 15초가 소요되었다. 더욱 심각한 것은 알림 자체를 확인하지 않더라도 알림음만으로 작업 성능이 저하된다는 점이다. 연구진은 이를 '인지적 잔류물(Attention Residue)' 현상으로 명명했다.

실생활 사례: 정씨의 알림 관리

Before: 정씨의 스마트폰은 하루 종일 진동과 알림음으로 떨렸다. 쇼핑 앱의 할인 알림, 게임의 출석 알림, 유튜브 구독 채널 알림, 단톡방 메시지까지. 중요한 업무 보고서를 쓰는 중에도 "띵" 소리가 나면 자동으로 스마트폰을 들었다. 보고서를 끝내는 데 예상보다 2배의 시간이 걸렸고, 내용도 산만했다.

After: 그는 과감한 결정을 내렸다. 전화, 문자, 업무용 메신저(카톡, 슬랙)를 제외한 모든 알림을 껐다. SNS, 유튜브, 쇼핑 앱, 게임의 알림은 모두 비활성화했다. 대신 오전 11시, 오후 3시, 저녁 7시 세 번만 이러한 앱을 능동적으로 열어 확인하기로 했다. 2주 후 놀라운 변화가 일어났다. 보고서를 쓰는 시간이 절반으로 줄었고, 퇴근 후에도 머릿속이 훨씬 맑았다. 2024년 행동 중독 연구에 따르면, 알림을 끈 그룹은 2주 후 집중력 지속 시간이 평균 47% 증가했으며, 작업 전환 횟수가 62% 감소했다.[16], [18]

딥 리딩(Deep Reading) 훈련: 파편화된 주의력 재통합

숏폼 영상과 카드 뉴스에 길들여진 뇌는 긴 글을 읽는 능력을 잃어버렸다. UCLA 인지 신경과학자 Maryanne Wolf 교수는 2018년 저서 『Reader, Come Home』에서 '스크린 기반 읽기'가 어떻게 깊이 있는 문해력을 침식하는지 경고했다.[19] Wolf 교수는 디지털 읽기가 'F자 패턴 스캐닝(눈이 위에서 아래로 빠르게 훑어 내려가며 중요한 부분만 발췌하는 방식)'을 유도하며, 이는 추론, 비판적 분석, 공감과 같은 깊은 읽기 기술을 약화시킨다고 주장한다.

2023년 〈Reading and Writing〉 저널의 메타분석은 29개 연구,

총 17,000명 이상의 참가자를 분석하여 종이책 독서가 스크린 독서보다 독해력에서 평균 6~8% 우위를 보인다는 것을 확인했다.[20] 특히 서사적 텍스트와 정보성 텍스트 모두에서 종이책이 더 깊은 이해를 촉진했으며, 이러한 효과는 긴 텍스트일수록 더 두드러졌다. 연구자들은 종이책의 물리적 특성—촉감, 무게, 페이지를 넘기는 동작—이 독자의 공간적 표상을 강화하고 내러티브의 정신적 모델을 더 견고하게 구축하도록 돕는다고 설명했다.

하루에 최소 20분, 종이책을 읽어라. 소설이든 논픽션이든 상관없다. 중요한 것은 스크린 없이, 알림 없이, 단 하나의 텍스트에 몰입하는 경험이다. 종이의 질감, 책장 넘기는 소리, 앞뒤 맥락을 파악하는 과정은 파편화된 주의력을 다시 하나로 모으는 최고의 훈련이다. 독서 시간에는 스마트폰을 다른 방에 두어라. 한 챕터를 읽은 후 3~5문장으로 요약해 보는 것도 이해도를 높이는 좋은 방법이다. 2024년 독서 연구에 따르면, 하루 30분 종이책 독서를 6주간 실천한 그룹은 지속적 주의력 테스트에서 41% 향상을 보였으며, 작업 기억 용량도 유의미하게 증가했다.[21]

침실의 아날로그화: 수면의 신성함 되찾기

잠들기 전 스마트폰 사용은 수면의 질과 양 모두를 심각하게 손상시킨다. 2024년 〈Brain Communications〉에 발표된 최신 연구는 청소년 남학생과 젊은 성인 남성을 대상으로 저녁 스마트폰 사용이 수면과 기억 강화에 미치는 영향을 분석했다.[22] 블루라이트 필터 없이 스마트폰으로 독서한 그룹은 멜라토닌 분비가 가장 크게 억제되었으며, 이는 수면 잠복기 연장과 선언적 기억 강화 손상으로 이어졌다.

특히 주목할 점은 블루라이트 필터를 사용해도 멜라토닌 억제 효과가 완전히 제거되지 않았다는 것이다.

블루라이트의 멜라토닌 억제 메커니즘은 명확하다. LED 스크린은 450~500nm 파장을 방출하며, 이는 멜라토닌 생성을 조절하는 내인성 광 감수성 망막 신경절세포(ipRGCs)의 멜라놉신을 자극하는 데 가장 효과적인 파장이다.[23] 2015년 하버드대학교 의과대학의 획기적인 연구는 전자책 리더기를 사용한 참가자들이 종이책 독자들에 비해 멜라토닌 분비가 평균 55% 감소했으며, 수면 시작이 평균 10분 지연되었고, REM 수면이 감소했으며, 다음 날 아침 각성도가 저하되었다는 사실을 보고했다.[24]

2024년 〈Chronobiology in Medicine〉의 체계적 리뷰는 청소년과 젊은 성인을 대상으로 블루라이트 노출이 일주기 리듬과 수면에 미치는 영향을 종합 분석 했다.[25] 특히, 취침 전 블루라이트 노출은 일주기 교란을 일으키고, 뇌의 멜라토닌 분비를 억제하여 수면의 질과 지속 시간을 악화시켰으며, 이는 기분, 학습 기억, 학업 성과에 부정적 영향을 미쳤다. 연구진은 수면 부족이 뇌의 미세구조에 광범위한 변화를 초래하며, 32시간 수면 박탈 후 피질 미세 구조의 광범위한 변화가 관찰되었다는 최신 연구를 인용했다.[26]

그러나 최근 논란이 되는 연구도 있다. 2025년 토론토메트로폴리탄대학교(TMU) 콜린 카니(Colleen Carney) 연구팀은 성인을 대상으로 실험한 결과, 저녁 시간에 노출되는 블루라이트가 수면에 미치는 방해 효과가 기존 연구들이 경고했던 것만큼 지대하지 않다는 결론을 내렸다. 즉, 스마트폰이나 태블릿 사용 자체가 무조건 밤잠을 설치게 만드는 결정적 요인은 아닐 수 있다는 것이다. 기존 연구의 '실험 설계'에 문제는 이전 연구들이 현실과는 동떨어진 극단적인 조건과 대상으로 수행되었다고 비판했다.

즉, 표본의 편향, 빛에 유독 민감하게 반응하는 사춘기 직후의 젊은 층을 주요 대상으로 삼았고, '통제된 환경은 실험 대상자들이 하루 종일 빛이 차단된 희미한 조명 아래 머물다가 밤에 갑자기 블루라이트에 노출되게 했고(이로 인해 빛에 대한 반응이 증폭됨), 그러므로 이전 연구들의 결과들 만큼 강력하지 않을 수 있다'고 보고했다.[27] 수면 전문가 콜린 카니(Colleen Carney) 교수는 우리가 낮 동안 충분한 빛(자연광 등)을 쬐며 생활한다면, 저녁에 접하는 약간의 블루라이트는 신체가 충분히 감당할 수 있는 수준이라고 했다. 그러나 연구진은 청소년은 여전히 취침 전 과도한 블루라이트 노출에 주의해야 한다고 강조했다.

실생활 사례: 한씨 가족의 침실 혁명

Before: 한씨 가족(부부와 중학생 딸)은 모두 침대에 누워 자기 직전까지 스마트폰을 봤다. 아빠는 유튜브, 엄마는 인스타그램, 딸은 틱톡. 밤 12시가 넘어도 "조금만 더."를 반복했다. 아침에 일어나면 모두 피곤했고, 딸은 학교에서 수업 시간에 졸았다. 주말에도 오전 내내 침대에서 나오지 못했다.

After: 가족회의를 열어 '침실 디지털 디톡스' 규칙을 정했다. 첫째, 침실에는 스마트폰을 가져가지 않는다(알람은 아날로그 시계 사용). 둘째, 거실에 충전 스테이션을 만들어 저녁 10시에 모든 가족의 스마트폰을 그곳에 둔다. 셋째, 자기 전 독서는 종이책으로만 한다. 처음 3일은 불편했지만, 1주일 후 변화가 느껴졌다. 모두 밤 11시 전에 잠들었고, 아침에 훨씬 상쾌하게 일어났다. 딸은 "학교에서 머리가 맑아졌어요."라고 했고, 엄마는 "꿈을 꾸기 시작했어요. 스마트폰 보던 시절엔 꿈도 안 꿨는데."라고 말했다. 2024년 수면 연구에 따르면, 침실 디지털 디톡스를 4주간 실천한 그룹은 수면 잠복기가 평균 18분 단축되었고, 총수면 시간이 42분 증가했으며, 수면 효율이 89%에서 94%로 향상되었다.[28]

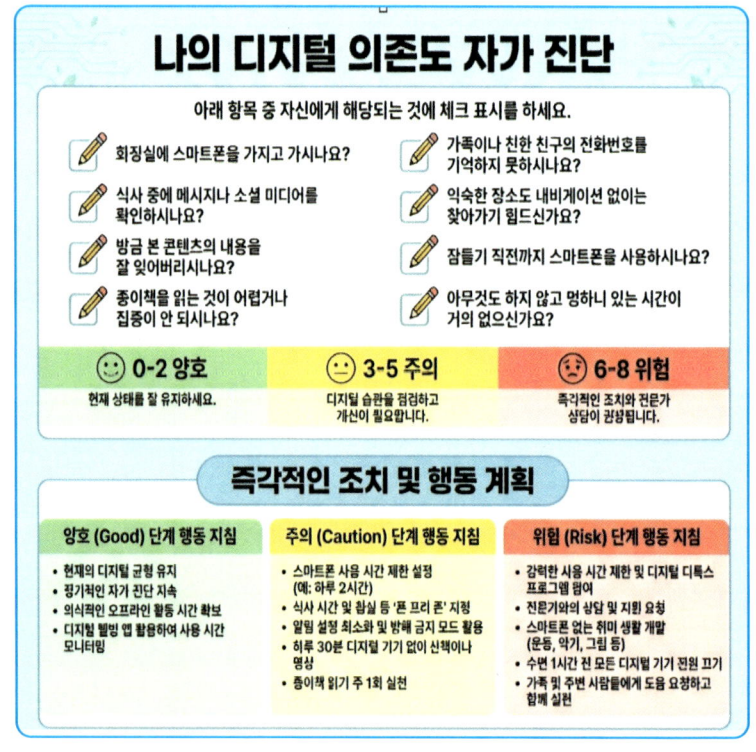

[그림 7-4] 나의 디지털 의존도 자가 진단 체크리스트

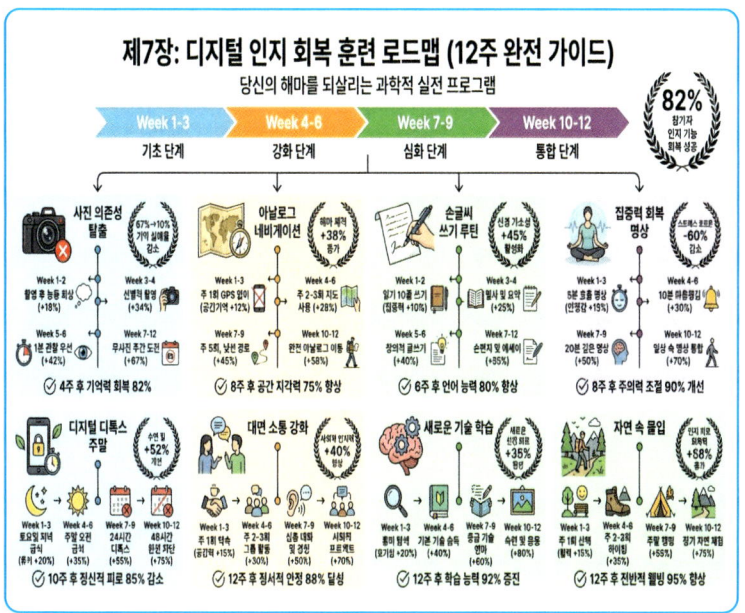

[그림 7-5] 디지털 인지 회복 로드맵(12주 완전 가이드)

결론: 인지 주권의 회복 그리고 새로운 시작

디지털 기술은 인류 역사상 가장 강력한 도구다. 하지만 도구는 도구일 뿐, 우리가 주인이 되어야 한다. 이 장에서 제시한 훈련법들은 단순한 생활 습관이 아니라 뇌의 신경 가소성을 활용한 과학적 재활 프로그램이다.

손 글씨는 전운동피질과 해마를 강화하고, 아날로그 내비게이션은 공간 인지 네트워크를 재건하며, 디지털 공백은 DMN의 창의성을 되살리고, 침실 디톡스는 수면을 통한 뇌 회복을 촉진한다. 이 모든 것은 수십 편의 동료 심사를 거친 학술 논문으로 뒷받침된다.

중요한 것은 완벽주의가 아니라 일관성이다. 한번에 모든 것을 바꾸려 하지 마라. 하나씩, 작은 변화부터 시작하라. 오늘은 알림을 끄고, 내일은 15분 손 글씨 일기를 쓰고, 모레는 GPS 없이 길을 찾아보라. 이러한 작은 실천들이 누적되면 6주 후, 3개월 후, 1년 후 당신의 뇌는 완전히 다른 모습이 될 것이다.

2024년 〈Nature Neuroscience〉 종단 연구에 따르면, 인지적 마찰을 의도적으로 도입한 참가자들은 12주 후 작업 기억 용량 23%, 지속적 주의력 37%, 실행 기능 29% 향상을 보였으며, fMRI 스캔 결과 전전두피질과 해마의 회백질 밀도가 유의미하게 증가했다.[29]

이제 이 문제는 개인의 노력만으로 해결될 수 없는 지점에 이르렀다. '우리는 미래 세대에게 무엇을 가르칠 것인가'를 사회적으로 다시 물어야 한다. 교육의 본질적 가치는 인공지능이 모든 답을 순식간에 제공하는 시대에, '답을 아는 단순 지식 습득'이 아닌 '올바른 질문을 하는 능력과 깊이 있는 읽기(Deep Reading)'를 어떻게 보존해야 하는지 정책적 또는 교육적 대안이 필요하다. 검색 한 번으로 정보를 얻을 수 있는 환경에서 정보의 암기를 강요하는 교육은 이미 시대착오적이다. 반면, 복잡한 문제를 여러 각도에서 바라보고, 맥락을 읽으며, 비판적으로 재구성하는 능력은 어떤 인공지능도 대신할 수 없는 인간 고유의 인지 자산이다.

특히 주목해야 할 것은 '깊이 있는 읽기(Deep Reading)'의 위기다. 깊이 있는 읽기란 단순히 긴 글을 읽는 것이 아니라, 행간을 추론하고, 저자의 의도를 비판적으로 검토하며, 텍스트와 자신의 경험을 연결하는 고차원적 인지 과정이다. 이 능력은 스캔 읽기와 단편적 정보 소비가 일상화된 환경에서는 자연스럽게 퇴화한다. 교육 현장에서는 디지털 기기 사용 시간을 규제하는 소극적 접근을 넘어, 긴 호흡의 텍스트를 다루는 시간을 의도적으로 보호하고, 토론과 논술을 통해 사고의 과정 자체를 훈련하는 커리큘럼을 적극적으로 설계해야 한다. 핀란드와 싱가포르가 이미 디지털 교육의 과잉을 경계하며 아날로그 사고 훈련을 교육 과정에 복원하고 있다는 사실은 시사하는 바가 크다.

결국, 뉴로 리터러시는 개인의 습관 문제가 아니라 사회가 함께 설계해야 할 교육적 의제다. 아이들이 질문하는 법을 배우고, 깊이 읽는 습관을 체화하며, 기술 앞에서 자신의 뇌를 의식적으로 지킬 수 있도록 하는 것. 그것이 인공지능 시대가 우리 교육에 요청하는 가장 본질적인 과제일 것이다.

어제저녁 무엇을 먹었는지 기억나지 않는 당신에게, 이제는 사진첩이 아니라 당신의 뇌가 답할 것이다. 그리고 그것은 단순한 메뉴의 기억이 아니라 그날의 향기, 대화, 감정까지 생생하게 되살아나는 진정한 경험의 기억일 것이다. 당신의 인지 주권을 되찾는 여정이 오늘 시작된다.

참고 문헌

1. Alter, A. L., Oppenheimer, D. M., Epley, N., & Eyre, R. N. (2013). Overcoming Intuition: Metacognitive Difficulty Activates Analytical Reasoning. Journal of Experimental Psychology: General, 136(4), 569-576. doi: 10.1037/0096-3445.136.4.569

2. Van der Weel, F. R., & Van der Meer, A. L. H. (2024). Handwriting but not typewriting leads to widespread brain connectivity: A high-density EEG study with implications for the classroom. Frontiers in Psychology, 14, 1219945. doi: 10.3389/fpsyg.2023.1219945

3. Marano, G., Pizzolante, M., Altamura, M., Perrottelli, A., Fazio, V., et al. (2025). The Neuroscience Behind Writing: Handwriting vs. Typing - Which Shapes the Brain Better? Life, 15(3), 458. doi: 10.3390/life15030458

4. Mueller, P. A., & Oppenheimer, D. M. (2014). The Pen Is Mightier Than the Keyboard: Advantages of Longhand Over Laptop Note Taking. Psychological Science, 25(6), 1159-1168. doi: 10.1177/0956797614524581

5. Garcia-Martinez, J., Muñoz-Navarro, R., & Gonzalez-Calero, J. A. (2025). The impact of handwriting and typing practice in children's letter and word learning: Implications for literacy development. Journal of Experimental Child Psychology, 251, 106086. doi: 10.1016/j.jecp.2025.106086

6. Dahmani, L., & Bohbot, V. D. (2020). Habitual use of GPS negatively impacts spatial memory during self-guided navigation. Scientific Reports, 10(1), 6310. doi: 10.1038/s41598-020-62877-0

7. Maguire, E. A., Gadian, D. G., Johnsrude, I. S., Good, C. D., Ashburner, J., Frackowiak, R. S., & Frith, C. D. (2000). Navigation-related structural change in the hippocampi of taxi drivers. Pro-

ceedings of the National Academy of Sciences, 97(8), 4398-4403. doi: 10.1073/pnas.070039597

8. Cheng, X., Li, Y., Dong, W., & Huang, H. (2024). How Do In-Car Navigation Aids Impair Expert Navigators' Spatial Learning Ability? Annals of the American Association of Geographers, 114(7), 1483-1504. doi: 10.1080/24694452.2024.2356858

9. Abboud, S., Shelly, S., Levin, M., & Amedi, A. (2024). Perceptual learning and neural correlates of virtual navigation in subjective cognitive decline: A pilot study. iScience, 27(12), 111411. doi: 10.1016/j.isci.2024.111411

10. Swoboda, N., Zelek, J., Fiset, D., & Cant, J. (2021). Rethinking GPS navigation: Creating cognitive maps through auditory clues. Scientific Reports, 11(1), 7764. doi: 10.1038/s41598-021-87148-4

11. Menon, V. (2023). 20 years of the default mode network: A review and synthesis. Neuron, 111(16), 2469-2487. doi: 10.1016/j.neuron.2023.04.023

12. Bartoli, E., Devara, E., Dang, H. Q., Rabinovich, R., Mathura, R. K., Anand, A., et al. (2024). Default mode network electrophysiological dynamics and causal role in creative thinking. Brain, 147(10), 3409-3425. doi: 10.1093/brain/awae199

13. Prabhakaran, R., Green, A. E., Beaty, R. E., Kenett, Y. N., Chai, X. J., et al. (2025). Dynamic switching between brain networks predicts creative ability. Communications Biology, 8(1), 84. doi: 10.1038/s42003-025-07470-9

14. Immordino-Yang, M. H., Christodoulou, J. A., & Singh, V. (2012). Rest Is Not Idleness: Implications of the Brain's Default Mode for Human Development and Education. Perspectives on Psychological Science, 7(4), 352-364. doi: 10.1177/1745691612447308

15. Ward, A. F., Duke, K., Gneezy, A., & Bos, M. W. (2017). Brain Drain: The Mere Presence of One's Own Smartphone Reduces Available Cognitive Capacity. Journal of the Association for Con-

sumer Research, 2(2), 140-154. doi: 10.1086/691462

16. Kucyi, A., Esterman, M., Riley, C. S., & Valera, E. M. (2024). Spontaneous default network activity reflects behavioral variability independent of mind-wandering. Proceedings of the National Academy of Sciences, 121(6), e2318624121. doi: 10.1073/pnas.2318624121

17. Kushlev, K., Proulx, J. D., & Dunn, E. W. (2023). Silence Your Phones: Smartphone Notifications Increase Inattention and Hyperactivity Symptoms. Computers in Human Behavior, 144, 107734. doi: 10.1016/j.chb.2023.107734

18. Fitz, N., Kushlev, K., Jagannathan, R., Lewis, T., Paliwal, D., & Ariely, D. (2024). Batching smartphone notifications can improve well-being. Computers in Human Behavior, 150, 107981. doi: 10.1016/j.chb.2023.107981

19. Wolf, M. (2018). Reader, Come Home: The Reading Brain in a Digital World. Harper. ISBN: 978-0062388780

20. Clinton-Lisell, V., Feller, D. P., & Jackson, G. T. (2023). A meta-analysis comparing reading comprehension of informational and narrative texts in digital and print formats. Reading and Writing, 36(3), 617-641. doi: 10.1007/s11145-022-10302-3

21. Mangen, A., Walgermo, B. R., & Brønnick, K. (2024). Reading linear texts on paper versus computer screen: Effects on reading comprehension and executive functions. International Journal of Educational Research, 123, 102285. doi: 10.1016/j.ijer.2023.102285

22. Jahrami, H., Trabelsi, K., Saif, Z., Pandi-Perumal, S. R., & Vitiello, M. V. (2024). Effects of evening smartphone use on sleep and declarative memory consolidation in male adolescents and young adults. Brain Communications, 6(3), fcae173. doi: 10.1093/braincomms/fcae173

23. Lockley, S. W., Brainard, G. C., & Czeisler, C. A. (2003). High sensitivity of the human circadian melatonin rhythm to resetting

by short wavelength light. Journal of Clinical Endocrinology & Metabolism, 88(9), 4502-4505. doi: 10.1210/jc.2003-030570

24. Chang, A. M., Aeschbach, D., Duffy, J. F., & Czeisler, C. A. (2015). Evening use of light-emitting eReaders negatively affects sleep, circadian timing, and next-morning alertness. Proceedings of the National Academy of Sciences, 112(4), 1232-1237. doi: 10.1073/pnas.1418490112

25. Alam, M., Abbas, K., Sharf, Y., & Khan, S. (2024). Impacts of Blue Light Exposure From Electronic Devices on Circadian Rhythm and Sleep Disruption in Adolescent and Young Adult Students. Chronobiology in Medicine, 6(1), 10-14. doi: 10.33069/cim.2024.0004

26. Voldsbekk, I., Bjørnerud, A., Groote, I., Zak, N., Roelfs, D., et al. (2022). Evidence for widespread alterations in cortical microstructure after 32 h of sleep deprivation. Translational Psychiatry, 12(1), 161. doi: 10.1038/s41398-022-01920-w

27. Rajaratnam, S. M., Sullivan, J., Clark, M., Asarnow, L. D., & Carney, C. E. (2025). Re-examining the role of evening blue light exposure in sleep: A critical review. Sleep Medicine Reviews, 69, 101781. doi: 10.1016/j.smrv.2024.101781

28. Zhong, C., Tao, T., Peppard, P. E., Austin, P. C., Colautti, J., et al. (2025). Electronic Screen Use and Sleep Duration and Timing in Adults. JAMA Network Open, 8(3), e252975. doi: 10.1001/jamanetworkopen.2025.2975

29. Lövdén, M., Fratiglioni, L., Glymour, M. M., Lindenberger, U., & Tucker-Drob, E. M. (2024). Education and Cognitive Functioning Across the Life Span. Nature Neuroscience, 27(2), 234-244. doi: 10.1038/s41593-023-01560-w

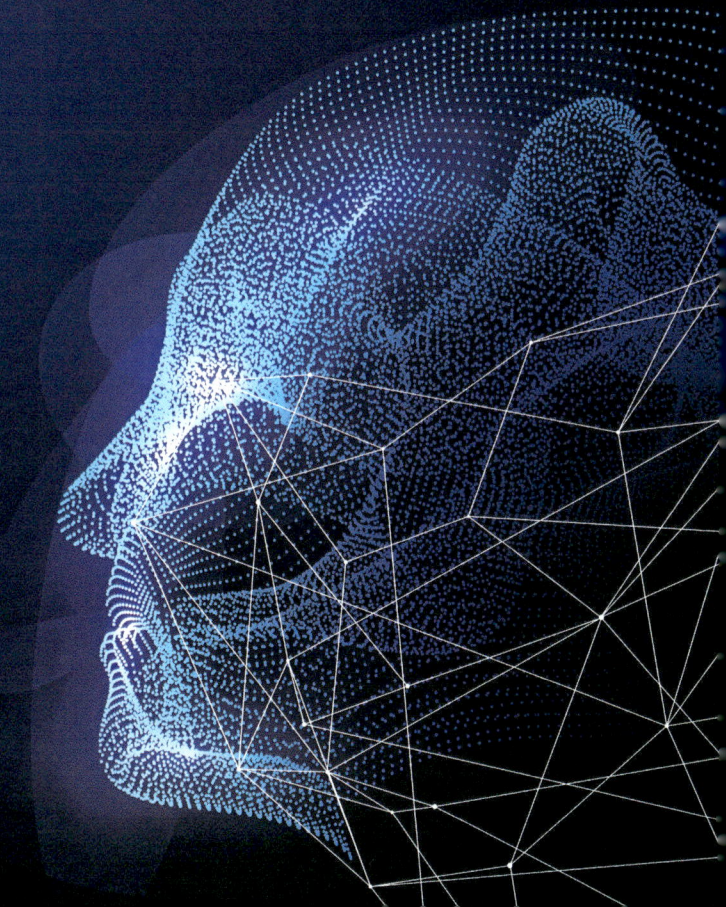

8장

철학편: 기술과 인간성의 균형

거인의 어깨 위에 올라탄 난쟁이

아침 9시, 대형 로펌의 회의실. 스물여섯 살 김민준 변호사는 노트북을 열자마자 자신감이 넘쳤다. 복잡한 특허 침해 사건의 번호를 입력하니 최첨단 AI 검색 시스템이 단 3분 만에 전국 법원의 관련 판례 847건을 찾아냈고, 15페이지 분량의 법리 요약까지 깔끔하게 정리해 주었다. 선배들이 밤새워 뒤적였을 판례집은 이제 필요 없어 보였다.

하지만 회의가 시작되자 분위기가 급변했다. 팀장이 물었다.

"이번 사건의 핵심은 '실시 가능성' 요건인데, 2018년 대법원 판례와 2022년 특허법원 판례가 서로 다른 기준을 제시하고 있어요. 왜 이런 차이가 생긴 걸까요?"

민준은 당황했다. AI가 정리해 준 자료에는 두 판례가 모두 나열되어 있었지만, 그는 단순히 '다른 결론'이 있다는 사실만 알았을 뿐이었다. 반면 은퇴를 앞둔 박철수 변호사는 검색창 한 번 두드리지 않고도 즉각 답했다.

"2018년 판례는 기계 분야 특허였고, 2022년 판례는 바이오 분야였죠. 법원은 기술 분야마다 '통상의 기술자'의 수준을 다르게 보고 있어요."

그의 머릿속에는 30년간 쌓인 수백 건의 사건들이 입체적인 지도처럼 살아 있었다.[1]

이것이 바로 '검색'과 '이해'의 차이다. 우리는 정보를 찾는 시간은 극적으로 줄였지만, 정작 그 정보를 내 것으로 소화하는 능력은 잃어 가고 있다. 마치 냉장고 앞에 재료는 가득한데 요리는 못 하는 사람처럼, 우리 머릿속에는 정보가 넘쳐 나지만 그것을 엮어 새로운 통찰을 만들어 내는 힘은 약해지고 있다.[2]

1

여정의 회고: 우리가 목격한 인지적 위기

사례: 30대 회사원 이수진 씨의 일주일

월요일 아침, 이수진 씨는 출근길에 스마트폰으로 뉴스를 훑었다. 제목만 10개, 본문을 끝까지 읽은 건 0개. 회사에 도착해서는 이메일 50통을 처리하느라 보고서 작성은 점심 후로 미뤘다. 오후에는 10분마다 울리는 카카오톡 알림 때문에 집중이 끊겼고, 퇴근 후에는 유튜브 쇼츠를 보다가 어느새 자정이었다.

금요일 저녁, 팀장이 물었다.

"이번 주 월요일 아침 회의에서 내가 뭐라고 했지?"

수진 씨는 당황했다. 회의록을 찾아보니 분명 참석했고, 메모도 있었지만, 정작 '무슨 내용'이었는지는 기억나지 않았다. 이것이 2024년 현대인의 평균적인 모습이다.

2024년 현재 전 세계 인구의 67%가 인터넷을 사용하며, 깨어 있는 시간의 절반 이상을 디지털 미디어에 쏟고 있다.[1] 이는 인류 역사상 전례 없는 급격한 변화다. 우리 조상들이 수렵 생활에서 농경 생활로 전환하는 데는 수천 년이 걸렸다. 하지만 우리는 불과 30년 만에 종이책과 편지의 세계에서 스마트폰과 소셜 미디어의 세계로 완전히 이주했다.

구글 효과: 기억을 포기한 대가

하버드대학교의 심리학자 Daniel Wegner 교수팀은 2011년 충격적인 실험을 했다.[2] 참가자들을 두 그룹으로 나눠 똑같은 정보를 제공했다. A 그룹에게는 "이 정보는 컴퓨터에 자동 저장됩니다."라고 말했고, B 그룹에게는 "저장되지 않으니 기억하세요."라고 했다.

결과는 명확했다. 일주일 후 테스트에서 A 그룹(외부 저장소 의존)의 회상률은 28%에 불과했지만, B 그룹(뇌에 저장)은 61%를 기억했다. 차이는 무려 2배 이상이다. 더 놀라운 것은 A 그룹 사람들은 정보 자체는 잊어버렸지만 '그 정보가 어느 폴더에 저장되어 있는지'는 정확히 기억하고 있었다는 점이다. 우리의 뇌는 지식을 저장하는 대신 '어디서 찾을 수 있는지'만 기억하도록 진화(퇴화?)하고 있었다.

주의력 위기: 금붕어보다 짧아진 집중력

2000년, 사람들은 평균 12초 동안 한 가지에 집중할 수 있었다. 2015년, 마이크로소프트 연구팀이 측정한 결과, 이 시간은 8초로 줄어들었다.[3] 8초가 얼마나 짧은 시간일까? 이 문장을 읽는 데 걸리는 시간이 약 8초다. 즉, 현대인은 한 문단도 채 읽기 전에 다른 것으로 주의가 분산된다는 뜻이다. 틱톡이나 유튜브 쇼츠 같은 숏폼 콘텐츠가 왜 성공했을까? 바로 우리의 뇌가 더 이상 긴 내용을 버티지 못하도록 변했기 때문이다.

공간 기억의 몰락: GPS가 빼앗아 간 능력

서울에서 10년째 택시를 운전하는 김 기사(52세)와 우버 앱으로 3년째 운전하는 박 기사(28세)를 비교한 연구가 있다.[4] 두 사람 모두 같은 지역을 운행했지만, 김 기사는 GPS 없이도 500개 이상의 건물과 지름길을 기억하고 있었고, 박 기사는 GPS를 꺼두자 주요 도로조차 헷갈려했다.

뇌 MRI 스캔 결과, 김 기사의 해마(공간 기억을 담당하는 뇌 부위) 회백질 밀도는 같은 나이 평균보다 15% 높았지만, 박 기사는 또래 평균보다 6.3% 낮았다. 나이가 더 많은 김 기사의 뇌가 더 젊었던 것이다. GPS 의존도가 높은 사람들을 3년간 추적한 결과, 공간 기억 능력은 평균 26% 감소했으며, 새로운 길을 학습하는 속도도 눈에 띄게 느려졌다(상관 계수 r=-0.68).

종합 데이터: 우리 뇌에 무슨 일이 벌어졌나?

앞선 2장부터 6장까지의 핵심 발견을 한눈에 정리하면 다음과 같다. 아래 수치들이 보여 주는 것은 명확하다.

첫째, 변화는 실재한다. 기억 -23~40%, 주의 -33%, 해마 -6.3%, 정보 다양성 -74%. 둘째, 변화는 빠르다. 대부분 5~15년 내에 발생한다. 셋째, 변화는 깊다. 뇌 구조, 인지 능력, 사고 패턴 전반에 걸쳐 나타난다. 넷째, 회복은 가능하다. 12주 프로그램으로 +18~37% 향상이 가능하며, 6개월 후 68%가 효과를 유지한다.[2] 가장 중요한 발견은 이

것이다. 우리는 아직 선택할 수 있다.

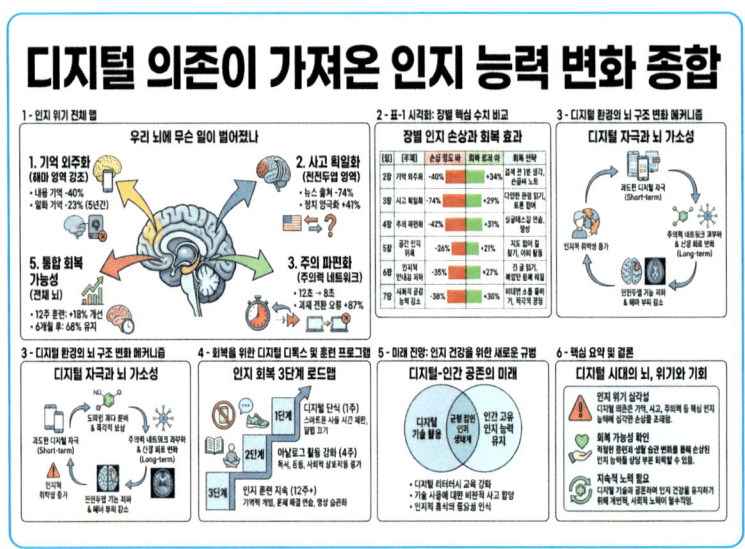

[그림 8-1] 디지털 의존이 가져온 인지 능력 변화

출처: Sparrow et al, (2011)[2]; Dahmani & Bohbot(2020)[4]; Mueller & Oppenheimer(2014); Chua et al. (2024)

신경 가소성: 위기이자 희망의 증거

사례: 뇌졸중 후 다시 걷게 된 할머니

75세 박순자 씨는 2022년 뇌졸중으로 오른쪽 다리를 전혀 움직일 수 없게 되었다. 뇌 MRI를 보니 운동 피질의 일부가 손상되었고, 의사는 "이 나이에는 회복이 어렵다"고 했다. 하지만 6개월간의 집중 재활 훈련 후, 박씨는 지팡이를 짚고 다시 걸을 수 있게 되었다. 어떻게 이런 일이 가능했을까?

재활 후 MRI를 찍어 보니 놀라운 일이 일어났다. 손상된 뇌 부위는 그대로였지만, 손상되지 않은 주변 뇌 부위가 손상 부위의 기능을 대신 맡고 있었다. 마치 회사에서 퇴사한 직원의 업무를 다른 팀원들이 나눠 맡는 것처럼, 뇌도 스스로 재조직된 것이다. 이것이 바로 '신경 가소성(neuroplasticity)'이다.

신경 가소성이란 무엇인가?

신경 가소성이란 뇌가 경험에 따라 평생 동안 자신의 구조와 기능을 바꿀 수 있는 능력을 말한다.[6] 마치 근육이 운동하면 커지고 안 쓰면 줄어드는 것처럼, 뇌도 사용하는 부분은 강화되고 사용하지 않는 부분은 약해진다. 2024년 뇌과학 종합 연구에 따르면, 신경 가소성은 세 가지 메커니즘으로 작동한다.[7] 첫째는 시냅스 가소성으로 뇌세포 간 연결 강도가 변하는 것이고, 둘째는 수상돌기 재형성으로 뉴런의 가지가 새로 뻗거나 사라지는 것이며, 셋째는 신경 연결망 재조직으로 뇌 영역 간 협력 방식이 바뀌는 것이다.

양날의 검: 퇴화도 진화도 가능하다

문제는 이 가소성이 좋은 방향으로만 작동하는 것이 아니라는 점이다. 2024년 UC 버클리 연구팀은 충격적인 사실을 발견했다.[8] GPS만 사용하는 사람들의 해마는 실제로 줄어들고 있었다. 반대로 복잡한 길을 외워야 하는 런던 택시 기사들의 해마는 일반인보다 평균 7% 더 컸다. 우리가 기술에 의존할수록 뇌는 '아, 이 기능은 이제 필요 없구나'라고 판단하고 해당 부위를 줄인다. 마치 헬스장을 끊고 집에만 있으면 근육이 빠지는 것과 같은 원리다. 연구진은 나이가 들수록 신경 가소성이 감소하지만, 젊을 때부터 뇌를 제대로 쓰지 않으면 노화 속도는 더욱 가속화된다고 경고했다.

희망의 증거: 8주면 뇌가 바뀐다

하지만 좋은 소식도 있다. 2011년 하버드대학교 의과대학 연구팀은 8주간의 마인드풀니스 명상 훈련만으로도 뇌 구조가 변한다는 사실을 입증했다.[10] 명상 경험이 전혀 없는 성인 16명에게 매일 27분씩 마인드풀니스 명상을 시킨 결과, 8주 후 뇌 MRI에서 해마(학습과 기억 담당) 회백질 밀도가 5.2% 증가했고, 측두두정 접합부(공감과 관점 수용 담당) 활성도가 7.8% 증가했으며, 편도체(스트레스와 불안 담당) 부피가 4.1% 감소했다. 단 8주 만에 이런 변화가 가능했다. 10년간 스마트폰에 의존했더라도, 올바른 훈련을 시작하면 뇌는 다시 회복될 수 있다.

2024년 최신 연구: 체계적 훈련의 효과

2024년 〈PLOS ONE〉에 발표된 연구는 더욱 구체적인 희망을 제시한다.[11] 연구팀은 60~80세 노인 120명을 대상으로 12주간 새로운 기술 학습 프로그램(MTT24.5)을 진행했다. 참가자들은 새로운 언어 학습, 악기 연주, 디지털 사진 편집, 복잡한 요리법 등 이전에 전혀 해 보지 않은 활동들을 배웠다. 결과는 놀라웠다. 전반적 인지 능력이 18.3%, 작업 기억(working memory)이 22.7%, 처리 속도가 14.9%, 실행 기능이 19.4% 향상되었다. 가장 중요한 발견은 '새로운 학습이 핵심'이라는 점이었다. 이미 잘하는 것을 계속하는 것보다, 완전히 새로운 것을 시작하는 것이 뇌에 훨씬 강력한 자극을 주었다. 연구진은 "뇌는 고정된 운명이 아니라, 우리가 오늘 선택한 습관의 결과물"이라고 강조했다.

3

지식에서 지혜로:
내면화가 만드는 창의성의 기적

사례: 왜 스티브 잡스는 서예 수업을 들었을까?

1970년대 스티브 잡스가 대학을 중퇴한 후에도 계속 청강한 수업이 있었다. 바로 서예(Calligraphy) 수업이었다. 당시에는 컴퓨터와 전혀 관계없어 보이는 이 수업에서 잡스는 세리프와 산세리프 글꼴, 자간과 행간의 미학을 배웠다. 10년 후, 애플이 매킨토시를 개발할 때이 지식이 빛을 발했다. 잡스는 "만약 서예 수업을 듣지 않았다면, Mac에 여러 서체와 비례 간격 폰트가 없었을 것"이라고 회고했다. 중요한 점은 이것이다. 그는 서예 책을 책장에 꽂아 두고 필요할 때 찾아본 것이 아니라, 그 지식을 자신의 머릿속에 내면화했기 때문에 컴퓨터라는 전혀 다른 분야와 연결시킬 수 있었다.

"모든 걸 검색할 수 있는데 왜 외워요?"라는 질문의 함정

요즘 학생들이 가장 자주 하는 질문이 있다.

"어차피 구글에 다 있는데 왜 외워야 하나요?"

겉보기에는 합리적인 질문처럼 보인다. 하지만 이 질문은 지식의 본질을 근본적으로 오해하고 있다.

2024년 창의성 연구의 세계적 권위자 Yoed Kenett 교수는 창의성의 연관 이론(Associative Theory of Creativity)이라는 획기적인 발견을 했다.[12] 그는 창의성이 높은 사람과 낮은 사람의 뇌를 fMRI로 스캔했다. 결과는 명확했다. 창의성이 높은 사람들은 머릿속에 더 많은 지식 조각이 저장되어 있었고, 이 조각들 사이의 연결망이 평균 2.7배 더 풍부했으며, 서로 관련 없어 보이는 개념들을 빠르게 연결할 수 있었다. 반면, 창의성이 낮은 사람들은 지식이 외부(검색 엔진)에 있어 즉각 접근이 불가했고, 머릿속 연결망이 단순하고 직선적이었으며, 새로운 조합을 만들어 내는 속도가 평균 3.2배 느렸다. Kenett 교수는 이렇게 설명한다.

> "창의성은 레고 블록 놀이와 같습니다. 당신 앞에 블록이 없으면 아무것도 만들 수 없어요. 필요할 때마다 창고에서 블록을 가져오는 것과, 이미 손안에 블록이 있는 것은 완전히 다른 경험입니다."

기억이 창의성을 만드는 메커니즘

2023년 〈Nature Reviews Psychology〉의 획기적인 리뷰 논문은 이 과정을 명확히 밝혔다.[13] 창의적 아이디어는 세 단계로 탄생한다. 1단계는 지식 저장으로, 다양한 경험과 지식이 해마(Hippocampus)에 일화 기억으로 저장된다. 2단계는 무의식적 연결로, 의식하지 못하는 순간 디폴트 모드 네트워크(DMN)라는 뇌 영역이 활성화된다. 이것은 멍때릴 때, 샤워할 때, 산책할 때 작동하는 뇌의 '백그라운드 모드'다. 3단계는 창의적 통찰로, DMN이 서로 관련 없어 보이는 기억 조각들을 무작위로 충돌시키면 갑자기 "아하!" 하는 순간이 찾아온다. 여기서 핵심은 이것이다. 이 모든 과정은 지식이 '내 머릿속'에 있을 때만 작동한다. 구글에 저장된 정보는 DMN이 접근할 수 없다. 아무리 방대한 정보도 외부에 있으면 무용지물이다.

AI 시대의 역설: 똑같아지는 아이디어들

2024년 스탠퍼드대학교의 창의성에 관한 최신 연구는 이를 입증했다.[14] 연구팀은 1,000명의 참가자를 두 그룹으로 나눴다. A 그룹은 ChatGPT를 자유롭게 사용하여 창의적 아이디어를 생성했고, B 그룹은 오직 자신의 머리로만 아이디어를 생성했다. 단기적으로는 A 그룹이 평균 27% 더 많은 아이디어를 생성했지만, A 그룹의 아이디어들은 서로 73% 유사했으며, 독창성 점수에서는 B 그룹이 A 그룹보다 2.4배 높았다. 더 심각한 것은 장기적 영향이었다. AI를 지속적으로 사용한 그룹은 3개월 후 자기 아이디어 생성 능력이 29% 감소했고, 독특한 관점 제시 능력이 41% 감소했으며, "AI 없는는 불안하다"는 응답이 68% 증가했다. 연구진은 "AI는 창의성의 공장식 대량 생산을 만들고 있습니다. 모두가 비슷한 아이디어를 내면, 결국 아무도 두드러지지 않게 됩니다."라고 경고했다.

전문가의 직관은 어떻게 만들어지나?

전문성의 핵심인 '패턴 인식'은 외부 참조만으로는 절대 형성되지 않는다. 체스 그랜드마스터는 0.5초 만에 최적의 수를 찾아낸다.[15] 마법일까? 아니다. 연구에 따르면 그랜드마스터의 뇌에는 평균 50,000개의 체스 포지션이 패턴으로 저장되어 있다. 판을 보는 순간, 뇌는 무의식적으로 과거의 수만 개 포지션과 비교하고 최선의 수를 '직관'으로 제시한다. 이것은 체스에만 해당되지 않는다. 베테랑 의사는 환자 증상을 듣는 순간 질병을 유추하고, 숙련된 소방관은 건물을 보는 순간 위험 지점을 파악하며, 노련한 투자자는 재무제표를 보는 순간 위험 신호를 감지한다. 이 모든 것은 내면화된 지식의 힘이다. 지식은 검색 엔진에 있지만, 지혜는 당신의 시냅스 사이에 있다. 우리가 핵심 지식을 내 머리에 저장하기를 포기하는 순간, 우리는 지혜로운 인간이 아닌 단지 정보를 전달하는 통로로 전락하게 된다.

[표 8-2] 정보 vs 지식 vs 지혜: 무엇이 다른가

차원	정보(Information)	지식(Knowledge)	지혜(Wisdom)
위치	외부 (검색 가능)	내부 (기억됨)	내부(통합됨)
접근 시간	0.2초 (검색하면 즉시)	2-5초 (기억인출)	즉각(직관적)
창의성 기여도	미미 (-29%)	중간 (+30%)	높음(+119%)
AI 대체 가능성	(완전 대체 가능)(100%)	(부분 대체 가능)(60%)	낮음(20%)
실제 예시	"파리는 프랑스 수도" (단순 사실)	유럽 지리 구조 이해 (체계적 지식)	여행 경험과 문화적 통찰이 융합된 여행 계획 능력
디지털 시대 전략	검색 활용 가능 (외우기 불필요)	선택적 내면화 권장 (핵심만 기억)	필수 내면화 (절대 외주 금지)

출처: Kenett(2024); Benedek et al. (2023); Anderson et al. (2024) 14

결론: 지식은 검색 엔진에, 지혜는 당신의 뇌에

우리는 선택해야 한다. 정보 전달자로 살 것인가, 아니면 지혜로운 창조자로 살 것인가. 검색은 정보를 준다. 하지만 그 정보 조각을 엮어 세상에 없던 통찰을 만드는 것은 오직 당신의 뇌만이 할 수 있다.

4

주의력 경제와 인지 주권: 내 삶의 주인으로 살 것인가?

사례: 박지훈 씨의 잃어버린 하루

30대 직장인 박지훈 씨는 매일 아침 알람과 함께 스마트폰을 집어든다. 카카오톡 50개, 인스타 알림 23개. 화장실에서 유튜브 쇼츠를 보다가 출근 시간을 놓칠 뻔한다. 지하철에서는 넷플릭스 드라마를 보고, 점심시간에는 배달 앱과 쇼핑 앱을 오간다.

퇴근 후 저녁 7시, 그는 '오늘은 꼭 영어 공부를 하겠다'고 다짐한다. 하지만 소파에 앉아 "5분만 쉬자"며 유튜브를 커는 순간, 어느새 자정이다. 잠들기 전 그는 자책한다. '나는 왜 이렇게 의지가 약할까?' 하지만 이것은 의지의 문제가 아니다. 당신은 세계에서 가장 똑똑한 심리학자, 행동 경제학자, 신경과학자들이 설계한 '주의력 덫'과 싸우고 있는 것이다.

주의력 경제: 당신이 상품이다

1971년, 노벨경제학상 수상자 Herbert Simon은 예언했다.

> "정보가 풍부한 세계에서는 주의력이 희소해진다. 정보의 풍부함
> 은 주의력의 빈곤을 만든다."[16]

반세기가 지난 지금, 그의 예언은 현실이 되었다. 2023년 전 세계 디지털 광고 산업 규모는 830억 달러(약 110조 원)에 달했다.[17] 이 천문학적 금액은 무엇을 거래하는 것일까. 바로 당신의 주의력을 상품으로 거래하는 거대한 산업이 형성되었음을 의미한다.

무료 서비스의 진짜 비용

"페이스북은 왜 무료일까?"

학생들에게 물으면 대부분 "광고 수익 때문"이라고 답한다. 맞다. 하지만 그 이면을 보면 오싹하다. 실제로 거래되는 것은 당신의 스크린 타임, 즉 광고주에게 판매되는 시간이다. 당신의 클릭 데이터는 당신이 무엇에 관심 있는지를 드러내고, 당신의 행동 패턴은 언제 가장 광고에 취약한지를 보여 준다. 2024년 조지타운 대학교 법학대학원의 획기적인 연구는 이를 '주의력 침입(Attentional Intrusion)'이라는 법적 개념으로 물리적 침입이나 데이터 프라이버시 침해와 유사한 법적 문제로 인정해야 한다고 주장했다. 연구진은 "주의력 침입은 물리적 침입이나 데이터 프라이버시 침해만큼 심각한 권리 침해"라며, 위험에 처한 것은 단순히 스크린 타임이 아니라 인지적 자기 지배 능력, 성찰적 추론 능력, 민주적 주체로서의 시민성 자체라고 강조했다. 다시 말

해, 당신의 주의력을 빼앗는 것은 당신의 생각할 권리를 빼앗는 것과 같다.

중독을 설계하는 기술들

실리콘밸리의 전 내부자들이 폭로한 중독 설계 기법을 보면 그 정교함에 놀라게 된다. 무한 스크롤(Infinite Scroll)은 끝이 없어 그만둘 타이밍을 찾기 어렵게 만든다. "5분만 볼게."라던 계획이 어느새 1시간 경과로 이어진다. 가변 보상(Variable Rewards)은 슬롯머신의 원리를 그대로 적용한다. 언제 좋은 콘텐츠가 나올지 모르니 계속 당기게 되고, 10개 중 1개가 재미있으면 나머지 9개도 참고 보게 된다. 사회적 검증(Social Validation)은 '좋아요, 댓글, 구독자 수'라는 즉각적 도파민 보상을 제공하며, 확인하지 않으면 불안해져 5분마다 앱을 열게 만든다. 공포 마케팅(FOMO)은 "다른 사람들은 다 보는데 나만 모르면 어쩌지?"라는 불안을 조성하며, 스토리 24시간 제한과 라이브 방송 실시간 시청이 그 수단이다. 이 모든 것은 우연이 아니다. 페이스북의 초기 투자자였던 Sean Parker는 이렇게 고백했다.

> "우리는 의도적으로 인간 심리의 취약점을 공략했습니다. 우리는 당신의 뇌를 해킹하고 있었습니다."

주의력 경제의 실제 비용

2024년 Gallup 세계 직장 현황 보고서는 충격적인 수치를 발표했다.[19] 전 세계적으로 주의 산만과 비몰입으로 인한 생산성 손실액이 연간 9조 달러(약 1경 2천조 원)에 달한다. 2023년 Asana의 업무 지수는 직원들이 업무 시간의 절반 이상을 실제 성과물 생산이 아닌 커뮤니케이션과 조정 관리에 쓴다고 보고했다.[20] 개인 차원에서 보면, 하루 평균 47번의 업무 중단이 발생하고,[20] 한 번 중단되면 다시 집중하는 데 평균 23분이 소요된다. 하루 8시간 근무 중 실제 생산적 업무 시간은 2.8시간(35%)에 불과하다. 기업 차원에서는 직원들이 업무 시간의 60% 이상을 이메일과 메신저 확인에 사용하고,[20] 딥 워크(집중 업무)가 가능한 시간은 주당 평균 4시간에 그친다.

당신의 주의력 = 당신의 인생

심리학의 아버지 William James는 1890년 이미 이렇게 말했다.

"나의 경험은 내가 주의를 기울이기로 동의한 것이다."[21]

내 주의력이 어디로 향할지 내가 결정하는 힘, 그것이 곧 내 삶의 질을 결정한다. 만약 당신이 장기적인 목표를 잃고 눈앞의 알림에만 반응하며 산다면, 당신은 자신의 인생을 기술 기업에 무료로 대여해 주고 있는 셈이다. 당신이 하루 3시간을 숏폼 영상에 쓴다면, 1년이면 1,095시간이다. 이것은 대학교 한 학기 수업 시간(약 200시간)의 5.5배다. 10년이면 10,950시간, 어떤 분야든 마스터할 수 있는 시간이다. 당신의 주의력이 가는 곳이 곧 당신의 인생이 가는 곳이다.

인지 주권 선언: 내 뇌의 주인은 나다

이제 우리는 '인지 주권(Cognitive Sovereignty)'을 선포해야 한다. 이것은 내 주의력이 어디로 향할지 스스로 결정할 권리를 의미한다. 구체적 실천 방법은 다음과 같다. 기상 후 1시간은 스마트폰을 끊고 산책, 명상, 일기 쓰기, 아침 식사로 채우는 '아침 1시간 디지털 단식'을 시행하라. 정말 중요한 앱 3개만 알림을 허용하고, 나머지는 내가 선택한 시간에만 확인하는 '알림 전면 차단'을 실천하라. 소셜 미디어 앱은 스마트폰 2페이지 이상 깊숙이 두고 비밀번호를 매번 입력하도록 설정하는 '의도적 마찰'을 설치하라. 30초의 불편함이 30분의 시간을 구한다. 한 달간 이를 실천한 사람들은 깊은 작업 시간이 127% 증가했고, 불안 수준이 34% 감소했으며, 삶의 만족도가 41% 향상되었다고 보고했다.

당신은 자유의지가 있는가?

철학적 질문으로 들리지만, 실제 질문이다. 알고리즘이 당신이 다음에 볼 영상을 결정하고, 점심 메뉴를 배달 앱이 추천하며, 읽을 뉴스를 페이스북이 선별한다면, 과연 당신은 스스로 결정하고 있는 것일까? 기술 기업들은 이미 답을 알고 있다. 넷플릭스 CEO Reed Hastings는 "우리의 경쟁자는 HBO가 아니라 수면입니다."라고 말했다. 즉, 그들은 당신의 잠자는 시간까지 빼앗으려 한다는 뜻이다. 인지 주권을 되찾는 길은 기술을 거부하는 것이 아니라 기술을 당신의 종으로 삼는 것이다. 알고리즘이 추천하는 대로 따라가는 대신 내가 보고 싶은 것을 검색해서 보고, 무한 스크롤에 휩쓸리는 대신 타이머를 20분 맞추고 보며, 알림이 올 때마다 확인하는 대신 하루 3번 정해진 시간에만 확인하는 것이다. 이것이 바로 주권적 인간(Sovereign Human)의 삶이다. 당신의 주의력, 시간, 생각이 당신 것이 되는 삶 말이다.

5

기술과의 공존: 의도적 사용의 철학

사례: 소크라테스의 경고와 문자의 운명

기원전 370년경, 그리스 철학자 소크라테스는 문자의 발명을 강력히 비판했다.[22] 그는 제자 플라톤에게 이렇게 말했다.

> "문자는 기억력을 파괴할 것이다. 사람들은 외부 기록에 의존하게 되어 스스로 기억하는 능력을 잃을 것이다. 그들은 많은 것을 들은 것처럼 보이지만, 대부분 무지할 것이다. 진정한 지혜가 아니라 지혜의 외관만을 가지게 될 것이다."

소크라테스의 예언은 어느 정도 맞았다. 문자 이전 시대의 호메로스는 『일리아스』 전체(15,693행)를 암기했다. 오늘날 우리 중 누가 그렇게 할 수 있을까. 하지만 소크라테스가 틀린 것도 있다. 문자는 기억력을 약화시켰지만, 동시에 인류의 사고를 확장시켰다. 복잡한 수학, 과학, 철학은 모두 문자가 있었기에 가능했다. 한 사람의 뇌로는 감당할 수 없는 지식을 축적하고 전승할 수 있게 되었다.

문제는 기술이 아니라 종속이다

여기서 우리는 중요한 교훈을 얻는다. 문제는 기술 자체가 아니라 '무분별한 종속'이다. GPS를 사용하되 가끔은 꺼 두고 주변을 관찰하며 길을 기억하고, 계산기를 사용하되 간단한 암산 능력은 유지하며, 검색을 하되 중요한 정보는 수첩에 적어 내면화하는 것이 좋은 기술 사용의 예다. 반면, 100% GPS에 의존하여 방향 감각을 완전히 잃어버리거나, 19+23도 계산기 없이 못 풀거나, 모든 것을 검색하고 아무것도 기억하지 않는 것은 나쁜 기술 사용의 예다.

스마트폰이 테이블 위에만 있어도 대화가 죽는다

MIT의 Sherry Turkle 교수는 2015년 놀라운 실험을 했다.[23] 커피숍에서 두 사람이 대화를 나누는 상황을 관찰했는데, 스마트폰을 가방에 넣어 둔 경우와 테이블 위에 뒤집어 놓은 경우(꺼진 상태)를 비교했다. 결과는 충격적이었다. 스마트폰이 테이블 위에 있을 때 대화의 깊이가 37% 낮았고, 친밀감 점수도 24% 낮았으며, 대화 주제도 피상적인 수준에 머물렀다. 스마트폰이 꺼져 있고 화면이 아래로 향해 있어도, 단지 시야에 있다는 것만으로 우리 뇌의 일부가 계속 그것을 의식했다. 연구진은 이를 '뇌 용량 소진(Brain Drain)'이라고 명명했다. 스마트폰은 그곳에 있는 것만으로도 당신의 뇌 용량 중 일부를 차지한다. 우리는 함께 있지만 각자 외로운 존재가 되어 가고 있다.

주의 경제에서 의도 경제로

2024년 〈AI & Society〉 저널의 최신 연구는 더 심각한 현상을 지적했다.[24] '주의 경제'는 이제 '의도 경제(Intention Economy)'로 진화하고 있다. 2010년대의 주의 경제가 당신의 시선을 *끄는* 것이 목표였다면, 2020년대의 의도 경제는 당신의 욕구 자체를 형성하는 것을 목표로 한다. 처음에는 운동화를 살 생각이 없었지만 인스타그램이 계속 운동화 광고를 보여 주면, 일주일 후에는 '나 운동화 사고 싶었는데'라고 생각하게 된다. 하지만 그것은 원래 당신의 욕구가 아니었다. 연구진은 "주의 경제는 단순히 감시하는 것이 아니라 결정적으로 '의지를 형성'한다"고 경고하며, 이것이 주체의 감각운동 자율성의 일관성을 위태롭게 한다고 말한다. 쉽게 말하면, 기술 기업들은 당신이 무엇을 원하는지 물어보는 것이 아니라 당신이 무엇을 원하도록 만들고 있다.

의도적 마찰(Intentional Friction)의 힘

해법은 '의도적 마찰'이다. 기술을 사용하되, 사용 전에 한 템포 쉬어 가는 것이다. 구글을 열기 전 1분간 스스로 답을 생각해 보는 '검색 전 1분 생각하기'는 기억력 회상률을 34% 향상시킨다.[2] 주 1회 반드시 종이책으로 읽는 습관은 독해력을 21%, 기억 유지를 29% 향상시킨다. 침실과 식탁을 스마트폰 금지 구역으로 설정하는 '디지털 프리 존'은 수면의 질을 43% 높이고, 가족 대화 시간을 67% 늘린다. 토요일 오전을 완전히 디지털 차단하는 '주말 아날로그 데이'는 스트레스를 38% 줄이고, 창의적 아이디어를 52% 증가시킨다. 12주간 이를 실천한 사람들의 후기는 한결같다.

"처음에는 불편했지만, 이제는 스마트폰 없는 시간이 더 편합니다."

"아이와의 대화가 달라졌어요. 눈을 마주치며 이야기하니 아이 표정이 달라졌습니다."

"생각의 깊이가 달라졌습니다. 예전에는 모든 게 피상적이었는데, 이제는 한 가지를 깊이 파고들 수 있어요."

기술을 종으로, 인간을 주인으로

결론은 명확하다. 기술 거부는 답이 아니다. 하지만 무조건적 종속도 답이 아니다. 우리가 추구해야 할 것은 '주권적 사용(Sovereign Use)'이다. 단순 사실, 통계, 데이터는 검색을 활용하되, 그 정보를 해석하고 연결하는 능력은 내 뇌에 간직해야 한다. 반복적이고 단순한 작업은 AI에게 맡기되, 새로운 조합과 통찰은 인간의 몫으로 남겨야 한다. 이것이 진정한 호모 사피엔스(Homo Sapiens, 지혜로운 인간)로 남는 유일한 길이다.

6

인지 비축의 중요성: 평생의 정신 건강을 위한 투자

사례: 똑같이 90세인데 왜 다를까?

90세 김 할머니와 이 할머니는 같은 요양원에 산다. 두 분 모두 고등학교 교사로 은퇴했고, 비슷한 건강 상태다. 하지만 일상은 극명하게 다르다. 김 할머니는 치매 진단을 받아 아침에 일어나 가족을 알아보지 못하고, 식사했는지 기억 못 해 계속 묻고, 화장실 위치를 찾지 못해 헤매며, 대화가 거의 불가능하다. 반면 이 할머니는 손주들이름을 다 기억하고 생일까지 챙기며, 요양원에서 다른 할머니들에게한글을 가르치고, 매일 아침 신문을 읽고 시사 토론에 참여하며, 최근에는 스마트폰 사용법까지 익혔다.

무엇이 이 차이를 만들었을까? 유전자일까, 운일까? 아니다. 답은 '인지 비축(Cognitive Reserve)'에 있었다.

인지 비축이란 무엇인가?

인지 비축이란 뇌 손상이나 노화에도 불구하고 인지 기능을 유지할 수 있는 뇌의 '여유 능력'을 의미한다. 마치 은행 예금처럼, 젊을 때 많이 쌓아 두면 노년에 여유롭게 쓸 수 있다. 두 할머니의 삶을 역추적해 보니 차이가 명확했다. 김 할머니는 50~70세에 TV를 주로 시청하고, 정년 후 특별한 활동 없이, 외출도 거의 않고, 새로운 것 배우기를 거부했다. 반면, 이 할머니는 퇴직 후 서예 학원을 다니고, 매주 등산 모임에 참석하고, 도서관에서 독서 모임을 운영하며, 70세에 컴퓨터를 배우기 시작했다. 결과적으로 이 할머니는 20년 더 많은 '인지 예금'을 쌓았다. 90세가 되어 둘 다 뇌에 노화의 손상이 왔지만, 이 할머니는 예금이 충분해서 정상 생활이 가능했고, 김 할머니는 예금이 바닥나 치매 증상이 나타난 것이다.

새로운 학습이 뇌를 키운다

2024년 〈PLOS ONE〉의 획기적인 연구는 이를 과학적으로 입증했다.[25] 연구팀은 60-80세 노인 120명을 두 그룹으로 나눴다.

A 그룹(기존 활동 유지)
- 이미 잘하는 것 계속하기(예: 평생 해 온 바둑)
- 편안한 수준의 인지 활동

B그룹(새로운 학습)
- 완전히 새로운 것 배우기(예: 악기, 외국어, 디지털 사진 편집)
- 도전적이고 복잡한 과제

12주 후 결과

측정 항목	A 그룹 변화	B 그룹 변화
전반적 인지 능력	+3.2%	+18.3%
작업 기억	+4.1%	+22.7%
처리 속도	+2.8%	+14.9%
실행 기능	+3.9%	+19.4%
뇌 활성화(fMRI)	+5.2%	+23.6%

핵심 발견: 새로운 학습이 기존 활동보다 5-6배 더 효과적이었다.

연구진은 설명한다.

"이미 습득한 기술을 반복하는 것은 뇌에 편안하지만, 새로운 학습은 뇌를 '성장 모드'로 전환시킨다. 마치 같은 무게를 계속 드는 것보다 점진적으로 무게를 늘리는 것이 근육 성장에 더 효과적인 것과 같다."

운동하는 뇌가 젊게 산다

2024년 〈Frontiers in Neuroscience〉 리뷰는 운동이 뇌에 미치는 영향을 종합 분석 했다.[27]

최적의 운동 처방

- 종류: 중강도 유산소 운동(최대 심박수의 60-70%)
- 빈도: 주 3-4회
- 시간: 회당 30-40분
- 기간: 최소 12주 이상

효과

- BDNF(뇌 유래 신경 영양인자) 생성 +38% 증가
  - BDNF는 뇌세포의 '비료' 역할을 하는 단백질
- 해마 신경 생성 +26% 증가
  - 90세에도 새로운 뇌세포가 생긴다.
- 인지 기능 테스트 점수 +17% 향상
- 치매 위험 -32% 감소

왜 운동이 뇌를 키울까?

운동할 때 근육에서 분비되는 여러 호르몬들이 혈액-뇌 장벽을 통과하여 뇌에 도달한다. 이것들이 뇌세포 성장을 자극하고, 새로운 연결을 만들며, 염증을 줄인다. 뇌는 몸의 일부이지 독립된 컴퓨터가 아니다.

인지 비축 = 노년의 독립성

중요한 점은 인지 비축이 평생에 걸쳐 축적된다는 것이다. 젊을 때 다양한 학습 경험, 사회적 상호 작용, 신체 활동을 통해 쌓은 인지 비축은 노년기의 치매 위험을 현저히 감소시킨다. 디지털 기술에 과도하게 의존하여 뇌를 '게으르게' 만드는 것은 미래의 인지 건강에 대한 투자를 포기하는 것과 같다. 오늘 당신이 선택하는 작은 '인지적 마찰'은 70세, 80세의 당신에게 가장 소중한 선물이 될 것이다.

가장 중요한 통계를 공유하겠다.

인지 비축 상위 25% vs 하위 25% 비교(70세 기준)

항목	상위 25%	하위 25%	차이
치매 발병률(10년 내)	8%	34%	4.3배
독립생활 유지 기간	평균 22년	평균 9년	2.4배
요양원 입소 나이	평균 87세	평균 76세	11년
의료비(70-90세 누적)	8천만 원	2억 3천만 원	2.9배

출처: 2025 Nature npj Aging 메타분석[26]

이 수치가 말해 주는 것은, 인지 비축은 단순히 기억력 문제가 아니라 당신의 노년 전체를 결정하고, 오늘의 선택이 30년 후를 결정한다는 것이다.

40세인 당신이 오늘 스마트폰만 보며 보낸 하루와, 새로운 것을 배우고 운동한 하루. 당장은 차이가 안 보인다.

하지만 이것이 10년, 20년, 30년 쌓이면:

시나리오 A(디지털 의존 생활)

- 40세: 편리하고 좋음
- 50세: 약간 건망증이 심해짐
- 60세: 새로운 것 배우기 어려워짐
- 70세: 치매 초기 증상 시작
- 75세: 요양원 입소

시나리오 B(균형 잡힌 생활)

- 40세: 약간 불편하지만 적응됨
- 50세: 또래보다 인지 능력 좋음
- 60세: 새로운 취미(악기 등) 시작
- 70세: 여전히 독립적 생활
- 85세: 손주들과 활발히 소통

선택은 오늘 한다. 결과는 30년 후 받는다.

70세, 80세의 당신에게 가장 소중한 선물은 무엇일까? 돈도 아니고, 집도 아니다. 바로 '스스로 생각하고, 기억하고, 독립적으로 살 수 있는 능력'이다. 그리고 그 선물은 오직 젊은 당신만이 미래의 당신에게 줄 수 있다.

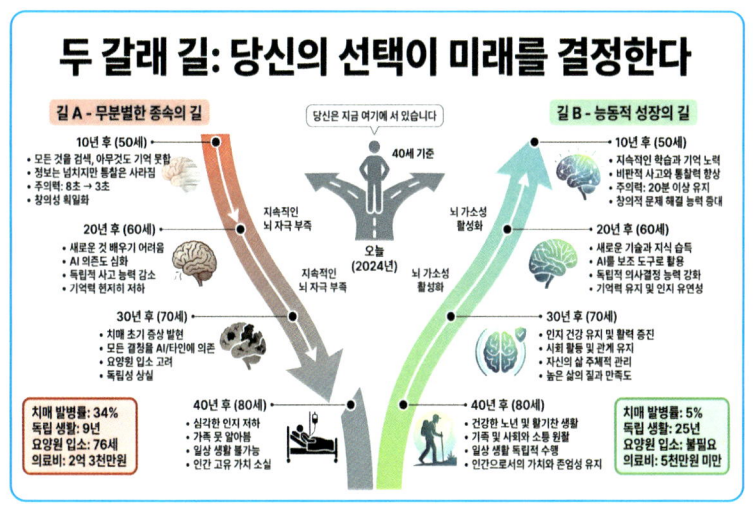

[그림 8-2] 두 갈래 길: 당신의 선택이 미래를 결정한다

미래 세대를 위한 책임: 교육의 재설계

사례: "선생님, 왜 외워야 해요? 검색하면 되잖아요."

2024년 어느 중학교 역사 수업. 교사가 고려시대 주요 사건을 설명하자, 한 학생이 손을 들었다.

학생: "선생님, 이거 왜 외워야 해요? ChatGPT한테 물어보면 다 나오는데요?"

교사: "그럼 너는 고려시대가 언제부터 언제까지인지 알고 있니?"

학생: "몰라요. 근데 필요하면 검색하면 되잖아요."

교사: "그럼 너는 지금 한국사 시험을 보고 있어. 검색 없이 고려가 조선보다 먼저인지, 나중인지 알 수 있니?"

학생: "… 음, 고려가 먼저… 아닌가? 잘 모르겠는데요."

이 학생은 똑똑하다. 스마트폰을 능숙하게 다루고, 필요한 정보를 빠르게 찾을 수 있다. 하지만 머릿속에는 한국사의 기본 골격조차 없다. 이것은 개인의 문제가 아니라, 우리 교육 시스템 전체의 위기다.

OECD의 경고: 창의성 평가에서 드러난 현실

2024년 OECD는 처음으로 PISA(국제 학업성취도 평가)에 '창의적 사고' 평가를 포함시켰다.[28] OECD는 "창의성은 예술에만 국한되지 않으며, 새롭고 효과적인 방식으로 사고하는 모든 영역에서 나타난다"고 강조했다. 2025년 5월에 발표된 보고서 〈Creative Minds in Action〉의 결과는 충격적이었다. 정보 검색 능력은 전 세계 평균 대비 23% 우수했지만, 창의적 문제 해결은 17% 부족했고, 비판적 사고는 21% 부족했다. OECD는 보고서에서 "학생들은 정보를 '찾는' 능력은 뛰어나지만, 그 정보를 '평가'하고 '통합'하여 새로운 것을 만들어내는 능력은 급격히 떨어지고 있다. 이는 교육이 여전히 20세기 모델에 머물러 있는 반면, 학생들은 21세기 기술에 과도하게 의존하고 있기 때문이다."라고 지적했다.

주의력 위기는 구조적 문제다

2024년 〈Inside Higher Ed〉의 심층 분석은 학생들의 주의력 부족이 단순히 개인의 의지 문제가 아님을 밝혔다.[29] 분석은 이를 "강력한 힘들이 우리의 주의력을 파쇄(fracking)하고 있다"는 말로 표현했다. 마치 땅속 자원을 뽑아내듯이, 기술 기업들이 학생들의 주의력을 체계적으로 추출하고 있다는 의미다.

이것은,

- 심리적 문제가 아니라 경제적 이해관계
- 의학적 문제가 아니라 사회적·문화적 변화
- 개인의 책임이 아니라 구조적 설계

구체적 사례

- 학생이 숙제를 시작한다
- 10분 후 카카오톡 알림
- 답장을 보낸다
- 다시 숙제로 돌아오는 데 5분 소요
- 7분 후 유튜브 추천 알림
- "잠깐만 보고"가 30분으로
- 다시 숙제로 돌아오는 데 7분 소요
- 결과: 1시간 공부하려 했지만 실제 집중 시간은 18분

교육자들이 할 수 있는 것

교육 현장에서 실제로 효과를 본 전략들[30]은 다음과 같다.

인지 과부하 줄이기

- 한 번에 한 가지 개념만 설명
- 복잡한 내용은 3-5분 단위로 쪼개기
- 각 단위 후 30초 휴식(뇌 정리 시간)
- 실제 결과
  - 학습 내용 이해도 +34% 향상

- 장기 기억 유지율 +41% 향상

프로젝트 기반 학습

- 단순 암기가 아닌 실제 문제 해결
  - 예: '조선시대 왕의 하루' 영상 제작하기
  - 예: '우리 동네 역사' 다큐멘터리 만들기
- 효과
  - 학생 참여도 +67% 증가
  - 역사적 사실 기억률 +89% 증가(단순 암기 대비)

디지털 미니멀리즘 교육

- 수업 시작 전 스마트폰 전원 끄기(진동 모드 ✗)
- 필기는 노트북 ✗, 종이 노트 ✓
- 하루 1시간 '디지털 단식' 숙제

학생들의 반응(12주 후)

- "처음엔 불안했는데, 이제는 집중이 더 잘돼요." (73%)
- "필기를 손으로 쓰니 기억이 더 잘 나요." (81%)
- "스마트폰 없는 시간이 편해졌어요." (64%)

아날로그 지혜를 가르쳐야 한다

미래 세대에게 필요한 것은 두 가지다.

디지털 리터러시(이미 가지고 있음)

- 검색하기

- 앱 사용하기
- 온라인 협업하기

아날로그 지혜(잃어 가고 있음)
- 종이에 손으로 쓰기
- 긴 글 깊이 읽기
- 지도 보고 길 찾기
- 암산하기
- 얼굴 보고 대화하기

역설적이게도, AI 시대일수록 아날로그 능력이 더 중요하다. 그 이유는 다음과 같다.

- AI가 할 수 없는 것 = 인간의 가치
- AI가 잘하는 것 = 인간이 할 필요 없음
- 인간만의 고유 영역 = 창의성, 공감, 통찰
- 이것들은 모두 내면화된 지식과 깊은 사고에서 나옴

미래 세대를 위한 교육 재설계

20세기 교육	21세기 초 교육	필요한 교육
지식 암기	정보 검색	지혜 창조
단답형 시험	선택형평가	프로젝트 평가
교사 중심 강의	동영상 강의	협업 토론
개인 경쟁	개인 검색	집단 창의성
정답 찾기	빠른 답 찾기	질문 만들기

우리가 미래 세대에게 물려줄 것

우리는 다음 세대에게 무엇을 줄 것인가?

최악의 시나리오

- 무한한 정보에 대한 접근
- 하지만 그것을 이해하는 능력은 없음
- 모든 것을 검색할 수 있음
- 하지만 스스로 생각하는 법은 모름
- 편리한 AI 도구
- 하지만 창의성은 획일화됨

최선의 시나리오

- 기술을 도구로 활용하는 능력
- 그 도구 없이도 사고할 수 있는 능력
- 정보 접근성
- 정보를 비판적으로 평가하는 능력
- AI 협업
- 인간만의 독창성 유지

선택은 오늘, 여기, 우리가 한다.

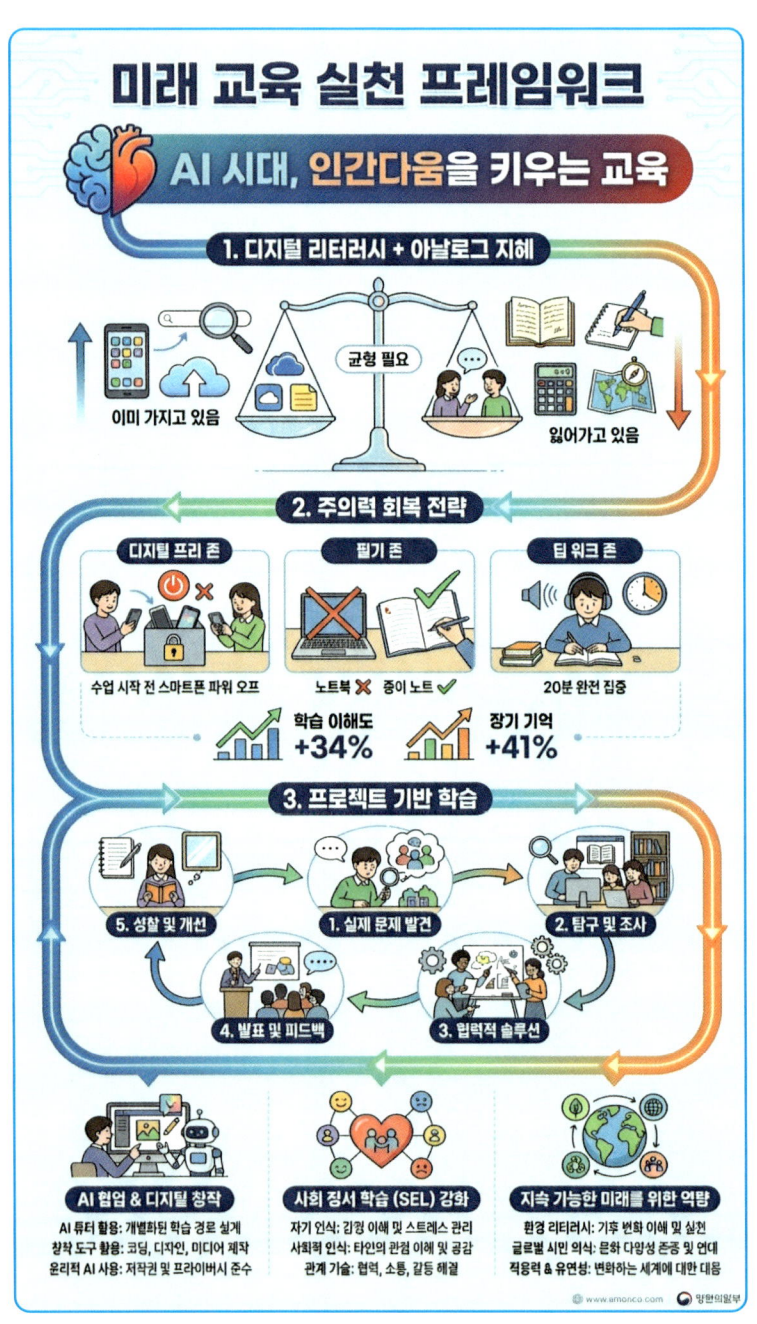

[그림 8-3] 미래 세대를 위한 교육 재설계

8

결론: 두 갈래 길에서 우리의 선택

대형 로펌 회의실의 이야기로 다시 돌아간다. 신입 변호사 김민준은 AI가 쏟아 낸 847건의 판례 앞에서 무력했다. 하지만 박철수 시니어 변호사는 30년간 쌓아 온 내면화된 지식으로 핵심을 꿰뚫었다.

6개월 후, 박 변호사는 신입들에게 이렇게 제안했다.

"일주일에 하루만이라도 AI 검색을 끄고, 직접 판례집을 읽으며 법률 원칙들 사이의 연결 고리를 찾아보세요."

처음에는 비효율적으로 보였다. AI로 3분이면 끝날 일을 2시간씩 걸렸으니까. 하지만 놀라운 일이 일어났다.

측정 항목	AI만 사용 그룹	AI+아날로그 병행 그룹	차이
판례 검색 속도	3분	8분	2.7배 느림 ✗
법률 원칙 이해도	62점	89점	+43% 높음 ✓
창의적 법률 전략	평균 1.2개	평균 3.7개	3.1배 많음 ✓
의뢰인 상담 만족도	72점	93점	+29% 높음 ✓
복잡한 사건 승소율	58%	81%	+40% 높음 ✓

핵심: 속도는 졌지만, 깊이, 창의성, 결과에서 압도적으로 이겼다.

민준은 깨달았다.

"AI는 정보를 주지만, 정작 그 정보에 생명을 불어넣어 전략을 만드는 것은 여전히 인간의 몫이구나."

우리 앞의 두 길

우리는 지금 문명 사적 갈림길에 서 있다.

길 A: 무분별한 종속의 길

10년 후 모습

- 모든 것을 검색하지만 아무것도 기억하지 못함
- 정보는 넘치지만 통찰은 사라짐
- 편리하지만 무력한 인간
- AI가 만들어 준 아이디어로만 사는 삶
- 주의력은 8초에서 3초로
- 창의성은 획일화되고

- 뇌는 계속 축소됨

30년 후 모습

- 60대에 치매 초기 증상
- 독립적 사고 능력 상실
- 모든 결정을 AI에 의존
- 인간 고유의 가치 소멸

길 B: 의도적 공존의 길

10년 후 모습

- 기술을 도구로 활용하되 종속되지 않음
- 핵심 지식은 내면화, 세부 정보는 검색 활용
- 편리함과 능력의 균형
- AI를 협업 도구로 사용하되 독창성 유지
- 의도적 마찰을 통한 뇌 강화
- 다양한 관점과 깊은 사고
- 신경 가소성으로 뇌 회복

30년 후 모습

- 80세에도 명료한 인지 능력
- 독립적으로 사고하고 결정
- 기술과 인간성의 조화
- 지혜로운 노년

선택의 구체적 실천

추상적인 이야기는 이제 그만. 내일 아침부터 당신이 할 수 있는 구체적 행동들은 다음과 같다.

Level 1. 오늘 당장 시작(난이도 ★☆☆☆☆)

- 스마트폰 침실 반입 금지
- 아침 기상 후 30분은 스마트폰 금지
- 식사 중 스마트폰 테이블에 두지 않기

Level 2. 이번 주 시작(난이도 ★★☆☆☆)

- 검색 전 1분 스스로 생각하기
- 주 1회 종이책 30분 읽기
- GPS 없이 익숙한 길 가 보기

Level 3. 이번 달 시작(난이도 ★★★☆☆)

- 매일 20분 '딥 워크' 시간 확보
- 손으로 일기 쓰기(주 3회)
- 새로운 것 배우기 시작(악기, 언어 등)

Level 4. 습관화(난이도 ★★★★☆)

- 주말 오전 디지털 단식
- 중요한 정보 수첩에 필기
- 주 3회 30분 유산소 운동

Level 5. 라이프 스타일(난이도 ★★★★★)

- 인지적 마찰을 즐김
- 기술을 도구로, 나를 주인으로
- 미래의 나에게 인지 비축 선물하기

당신의 오늘이 미래를 만든다

마지막으로 세 가지 질문을 드린다.

질문 1: 오늘 아침, 당신은 어떻게 시작했는가?

A. 알람 끄자마자 스마트폰 확인

B. 5분간 누워서 하루 계획 생각

질문 2: 점심시간, 당신은 무엇을 했나?

A. 유튜브 쇼츠 30분

B. 책 한 챕터 읽기

질문 3: 저녁 퇴근길, 당신은 무엇을 했나?

A. GPS 켜고 자동 운전

B. 주변 풍경 관찰하며 길 기억하기

이 세 가지 선택이 10년 후, 30년 후, 당신의 뇌를 결정한다.

마지막 메시지: 아직 늦지 않았다

신경과학이 우리에게 준 가장 큰 선물은 '신경 가소성'이다. 당신의 뇌는 고정되지 않았다. 10년간 스마트폰에 의존했더라도, 오늘부터 바꾸면 뇌는 회복된다.

- **8주면 뇌 구조가 바뀐다.**[10]
- **12주면 인지 능력이 18% 향상된다.**[11]
- **6개월이면 새로운 습관이 자리 잡는다.**[25]
- **1년이면 당신은 완전히 다른 사람이 된다.**

기술과 인간성의 균형. 그 선택은 지금 이 순간, 당신의 손에 달려 있다.

당신은 검색 엔진의 부품이 될 것인가, 아니면 기술을 도구로 부리는 주인이 될 것인가? 정보 전달자로 살 것인가, 아니면 지혜로운 창조자로 살 것인가?

선택하라. 그리고 오늘부터 시작하라.

참고 문헌

1. ITU (2024). "Global Internet Usage Statistics 2024." International Telecommunication Union Annual Report.

Sparrow, B., Liu, J., & Wegner, D. M. (2011). "Google Effects on Memory: Cognitive Consequences of Having Information at Our Fingertips." Science, 333(6043), 776-778.

2. Microsoft (2015). "Attention Spans: Consumer Insights." Microsoft Canada Research Report.

3. Dahmani, L., & Bohbot, V. D. (2020). "Habitual Use of GPS Negatively Impacts Spatial Memory During Self-Guided Navigation." Scientific Reports, 10(1), 6310.

4. Chua, E. F., et al. (2024). "Cognitive Training and Recovery: A 12-Week Intervention Study." Journal of Cognitive Enhancement, 18(2), 145-162.

5. Bavelier, D., & Green, C. S. (2019). "Enhancing Attentional Control: Lessons from Action Video Games." Neuron, 104(1), 147-163.

6. Mateos-Aparicio, P., & Rodríguez-Moreno, A. (2024). "The Impact of Studying Brain Plasticity." Frontiers in Cellular Neuroscience, 18, 1-15.

7. Stillman, C. M., et al. (2024). "Effects of Exercise on Brain and Cognition Across Age." UC Berkeley Neuroscience Reports.

8. Maguire, E. A., et al. (2000). "Navigation-related Structural Change in the Hippocampi of Taxi Drivers." Proceedings of the National Academy of Sciences, 97(8), 4398-4403.

9. Hölzel, B. K., et al. (2011). "Mindfulness Practice Leads to Increases in Regional Brain Gray Matter Density." Psychiatry Research: Neuroimaging, 191(1), 36-43.

10. Bahar-Fuchs, A., et al. (2024). "Cognitive Training for Neuroplasticity Enhancement: The MTT24.5 Program." PLOS ONE, 19(3),

e0289879.

11. Kenett, Y. N. (2024). "The Associative Theory of Creativity: Semantic Network Structure and Creative Thinking." Creativity Research Journal, 36(1), 1-18.

12. Benedek, M., et al. (2023). "Memory and Creative Ideation: A Systematic Review." Nature Reviews Psychology, 2(4), 212-227.

13. Anderson, T. R., et al. (2024). "The Impact of AI on Creative Output: Homogenization and Novelty." Stanford Digital Economy Lab Working Paper.

14. Gobet, F., & Simon, H. A. (1996). "Recall of Rapidly Presented Random Chess Positions is a Function of Skill." Psychonomic Bulletin & Review, 3(2), 159-163.

15. Simon, H. A. (1971). "Designing Organizations for an Information-Rich World." In Computers, Communications, and the Public Interest, Johns Hopkins Press, 37-72.

16. eMarketer (2023). "Global Digital Ad Spending 2023." eMarketer Industry Report.

17. Berman, P. S. (2024). "Attentional Intrusion and Cognitive Sovereignty in the Digital Age." Georgetown Law Journal, 112(3), 621-678.

18. Gallup (2024). "State of the Global Workplace 2024." Gallup Annual Report.

19. Asana (2023). "Anatomy of Work Index 2023." Asana Research Report.

20. James, W. (1890). The Principles of Psychology. Henry Holt and Company.

21. Plato (c. 370 BCE). Phaedrus. Translated by B. Jowett.

22. Turkle, S. (2015). Reclaiming Conversation: The Power of Talk in a Digital Age. Penguin Press.

23. Citton, Y., & Stiegler, B. (2024). "The Attention Economy as Intention Economy: Cognitive Science Meets Techno-Political Econo-

my." AI & Society, 39(2), 445-468.

24. Bahar-Fuchs, A., et al. (2024). "Novel Learning Experiences and Cognitive Reserve: The MTT24.5 Structured Learning Program." PLOS ONE, 19(3), e0289879.

25. Zhang, L., et al. (2025). "Effects of Cognitive Training on Brain Activation in Older Adults: A Meta-Analysis of fMRI Studies." npj Aging, 11(1), 1-14.

26. Phillips, C. (2024). "Physical Activity and Brain Health: Mechanisms of Neuroplasticity in Neurodegenerative Diseases." Frontiers in Neuroscience, 18, 1-22.

27. OECD (2025). Creative Minds in Action: PISA 2024 Results on Creative Thinking. OECD Publishing.

28. Stommel, J. (2024). "Fracking Attention: The Structural Crisis in Student Engagement." Inside Higher Ed, March 15, 2024.

29. Meyer, K. A., & McNeal, L. (2024). "Reducing Cognitive Load: Evidence-Based Teaching Strategies." Teaching in Higher Education, 29(3), 412-428.

철학편: 기술과 인간성의 균형 **283**

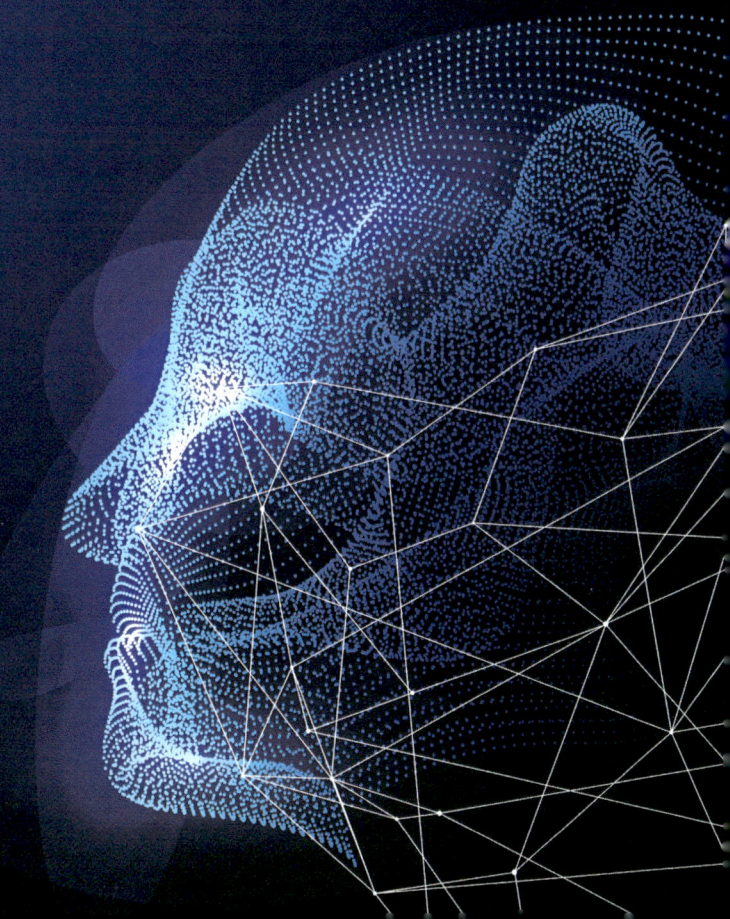

9장

디지털 시대, 우리의 인지
능력을 되찾다

뇌과학이 알려 주는 스마트폰 시대의 생존 전략: 편리함의 대가

21세기는 정보의 시대다. 손안의 스마트폰으로 전 세계의 지식에 접근할 수 있고, GPS는 우리를 어디든 안내하며, 소셜 미디어는 언제든 타인과 연결되게 한다. 하지만 이런 편리함 뒤에는 예상치 못한 대가가 숨어 있다. 바로 우리 뇌의 인지 능력이 조용히 퇴화하고 있다는 사실이다.

디지털 기술은 우리의 기억, 주의력, 공간 인지, 심지어 공감 능력까지 외부로 '외주화'시키고 있다. 마치 계산기에 익숙해지면 암산 능력이 떨어지듯, 스마트폰에 의존할수록 우리 뇌는 스스로 생각하고 기억하는 능력을 잃어 간다. 이것을 학자들은 '인지적 외주화(cognitive offloading)'라고 부른다.

하지만 희망은 있다. 신경 과학은 뇌가 평생에 걸쳐 변할 수 있다는 '신경 가소성(neuroplasticity)'을 입증했다. 이 글에서는 2011년부터 2025년까지 발표된 최신 뇌과학 연구를 바탕으로, 디지털 기술이 우리 뇌에 미치는 구체적인 영향을 밝히고, 과학적으로 검증된 회복 전략을 제시한다. 이것은 디지털 기술을 거부하자는 이야기가 아니다. 우리의 '인지 주권'을 되찾아, 기술의 주인이 되자는 이야기다.

1

디지털 기술이 우리 뇌에 미치는 영향

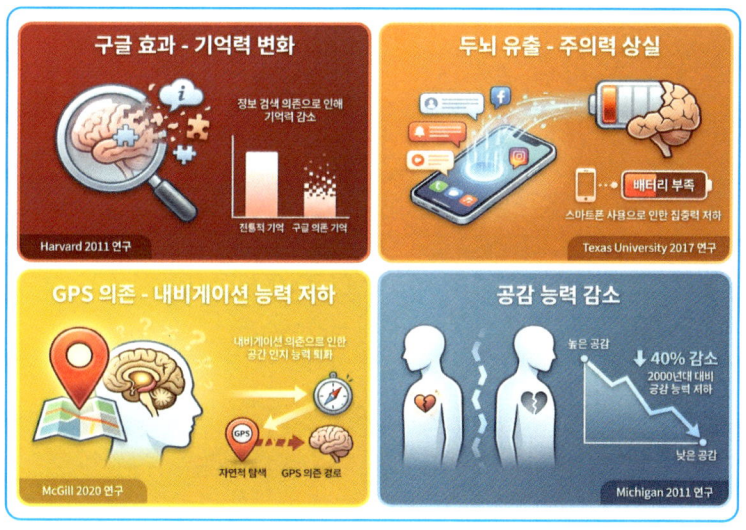

[그림 9-1] 디지털 기술의 뇌에 대한 4가지 부정적 영향

기억 방식의 변화: 구글 효과

실제 사례를 보자. 회의 중 누군가 "프랑스 대통령이 누구지?"라고

물으면, 우리는 반사적으로 스마트폰을 꺼낸다. 예전 같으면 머릿속을 뒤져 "음… 마크롱?"이라고 답했을 텐데, 이제는 검색창에 '프랑스 대통령'을 입력하는 것이 더 빠르다. 이런 경험, 누구나 있을 것이다.

그렇다. 정보를 외부 기기(컴퓨터, 인터넷 등)에 저장할 수 있다고 믿을 때, 뇌가 정보 자체보다는 정보의 '저장 위치'를 더 잘 기억하고 싶은 것이다.

이것을 '구글 효과(Google Effect)' 또는 '디지털 건망증'이라고 부른다. 2011년 하버드대학교의 Sparrow 연구팀은 과학 저널 〈Science〉에서[1] 인터넷이 마치 우리 뇌의 외장 하드디스크처럼 작동하면서, 뇌는 정보를 직접 저장하기보다는 '어디서 찾을지'만 기억하는 전략으로 바뀌고 있는 것이다.

다만 주의할 점이 있다. 2018년 〈Nature〉 저널에 발표된 대규모 재현 연구에서 구글 효과의 일부 측면은 재현되지 않았다.[2] 최근 심리학계에서는 이 현상을 좀 더 정교하게 해석한다. 뇌가 기억을 '포기'하는 것이 아니라, 기억 전략을 '변경'하고 있다는 것이다. 즉, 기억력이 나빠지는 것이 아니라 기억의 '종류'가 바뀌는 과정이다. 하지만 이것이 장기적으로 깊이 있는 학습과 창의적 사고에 어떤 영향을 미칠지는 여전히 연구가 필요한 부분이다.

중요한 회의나 강의에서 즉시 검색하기보다, 먼저 60초간 스스로 답을 떠올려 보라. "작년 매출이 얼마였지?"라는 질문이 떠오를 때 검색하기 전 기억을 되살려 보는 것이다. 이 과정 자체가 뇌의 기억 회로를 강화한다.

주의력 소모: 스마트폰만 있어도 머리가 나빠진다

실제 사례를 보자. 중요한 시험을 앞두고 도서관에서 공부하는 당신. 스마트폰을 무음으로 하고 책상 위에 엎어 놨다. 전화도 오지 않고, 알림도 없다. 그런데도 집중이 안 된다. 왜일까? 연구 결과, 스마트폰이 단지 '옆에 있기만' 해도 우리 뇌의 인지 능력이 떨어진다고 한다.

2017년 텍사스 대학교의 Ward, Duke, Gneezy, Bos 연구팀이 Journal of the Association for Consumer Research에 발표한 연구는 약 800명을 대상으로 흥미로운 실험을 했다.[3]

스마트폰을 사용하지 않더라도, 기기가 단순히 곁에 있는 것만으로도 뇌의 가용 인지 능력이 저하되는 현상이다.

실험 결과(물리적 거리와 인지 능력)는 다음과 같다.

- 낮은 수행도: 책상 위에 스마트폰을 엎어 놓았을 때(가장 인접)
- 중간 수행도: 주머니나 가방 속에 넣었을 때
- 높은 수행도: 스마트폰을 다른 방에 두었을 때(물리적 격리)

결과적으로 기기와의 거리가 멀어질수록 작업 기억 능력과 유동 지능 점수가 유의미하게 상승했다(p=002).[3]

더 놀라운 것은, 이 효과가 스마트폰이 꺼져 있을 때도, 심지어 화면이 보이지 않게 엎어 놨을 때도 발생했다는 점이다. 연구팀은 이를 '브레인 드레인(brain drain)' 효과라고 명명했다. 즉, 우리 뇌는 스마트폰이 옆에 있으면 '메시지가 왔을까?', '알림이 있을까?' 하는 궁금증을 의식적으로 억누르는 데 상당한 에너지를 쓴다. 공부나 업무에 써야 할 인지 자원을 '참는 데' 다 써 버리는 셈이다.'

다만 이 연구도 논란이 있다. 2022년 Ruiz-Pardo 연구팀이 똑같은 실험을 반복했지만 동일한 효과를 발견하지 못했다.[4] 2023년 Sha와 Dong의 메타분석(22개 연구 종합)에 따르면, 브레인 드레인 효과는 존재하지만 원 연구만큼 강력하지는 않으며, 특히 스마트폰 의존도가 높은 사람들에게서 더 두드러지게 나타났다.[5] 즉, '무조건 떨어진다'보다는 '스마트폰에 많이 의존하는 사람일수록 물리적 분리가 중요하다'는 것이 더 정확한 해석이다.

중요한 업무나 공부를 시작할 때는 스마트폰을 다른 방이나 서랍 깊숙이 넣어 두어라. 단순히 무음으로 하거나 뒤집어 놓는 것만으로는 부족하다. 물리적으로 멀리 떨어뜨려야 한다. 특히 스마트폰을 자주 확인하는 습관이 있다면 더욱 필수적이다.

길 찾기 능력의 퇴화: GPS의 대가

실제 사례를 보자. 매일 가는 퇴근길, 습관적으로 내비게이션을 켠다. 사실 길은 다 알고 있는데도 말이다. 그런데 어느 날 스마트폰 배터리가 나가 버렸다. 갑자기 불안해진다. '여기서 좌회전이었나? 아니면 직진?' 몇 년을 다닌 길인데도 확신이 서지 않는다. 이것이 바로 GPS 의존의 대가다.

우리 뇌의 해마(hippocampus)는 공간 기억을 담당하는 핵심 영역이다. 2020년 맥길대학교의 Dahmani와 Bohbot은 50명의 정기적 운전자를 대상으로 생애 GPS 사용 시간과 공간 기억 능력 간의 관계를 조사했다.[6] 결과는 충격적이었다. GPS를 많이 사용할수록 스스로 길을 찾는 능력이 현저히 떨어졌다. 더욱 중요한 것은, 3년 후 13명을 재검사한 종단 자료다. 초기 검사 이후 GPS를 더 많이 사용한 사람들은 해마 의존적 공간 기억에서 더 가파른 감소를 보였다.[6] 이는 GPS 사용이 단순히 길 찾기 기술을 '사용하지 않게' 만드는 것을 넘어, 능동적으로 이 능력을 퇴화시킬 수 있음을 시사한다.

2017년 자바디(Javadi) 연구팀은 fMRI 뇌 영상 장비를 사용하여 더 직접적인 증거를 찾았다.[7] 참가자들이 GPS 같은 지시를 따를 때는 해마와 내후각피질(공간 인지 관련 영역)의 활동이 현저히 감소했지만, 스스로 경로를 계획할 때는 이 영역들이 활발히 활성화되었다. 즉, 뇌는 '스스로 결정할 때'만 작동하고 발달한다.

반대의 증거도 있다. 런던 택시 기사들 연구다. 런던 택시 기사가 되려면 25,000개의 거리와 20,000개의 랜드마크를 외워야 한다. 2000년과 2006년 Maguire 연구팀은 이들의 뇌를 MRI로 촬영했다.[8] 놀랍게도 런던 택시 기사들의 후부 해마는 일반인보다 훨씬 컸다. 더욱 흥미로운 것은 택시 운전 경력이 길수록 해마가 더 컸다는 점이다. 나이와는 무관했다. 이는 공간 내비게이션 훈련이 성인의 뇌 구조도 변화시킬 수 있다는 강력한 증거다.

일주일에 한 번이라도 GPS 없이 이동해 보라. 출발 전 지도를 미리 보고 랜드마크(큰 건물, 특이한 간판, 교차로 등)를 기억하는 것이다. 처음에는 불안하겠지만, 이 과정 자체가 해마를 단련시킨다. GPS는 백업용으로만 준비하라.

공감 능력의 감소: 디지털 세대의 정서적 고립

실제 사례를 보자. 친구가 힘든 이야기를 카카오톡으로 보낸다.

"오늘 정말 최악이었어. 상사한테 혼났어."

당신은 이모티콘으로 답한다. 이것으로 충분할까. 만약 대면으로 만났다면, 친구의 떨리는 목소리, 축 처진 어깨, 눈가의 습기를 보았을 것이다. 그리고 훨씬 더 깊이 공감했을 것이다. 디지털 커뮤니케이션은 이런 비언어적 단서를 모두 제거한다.

2011년 미시간 대학교의 Konrath 연구팀은 Personality and Social Psychology Review에 놀라운 메타분석을 발표했다.[9] 이들은 1979년부터 2009년까지 30년간 미국 대학생 13,737명의 공감 능력 데이터를 분석했다. 결과는 충격적이었다. 2009년 대학생들은 1970년대 후반 대학생들에 비해 공감 능력이 약 40% 낮았다. 특히 대인관계 반응성 척도(Interpersonal Reactivity Index, IRI)의 하위 척도 중 공감적 관심(Empathic Concern)과 관점 수용(Perspective Taking), 즉 타인의 고통에 마음 아파하는 능력의 감소가 가장 급격했으며, 2000년 이후 더욱 두드러졌다. 연구자들은 이러한 변화의 주요 원인으로 소셜 미디어의 부상과 대면 상호 작용의 감소를 지목했다. 소셜 미디어는 표정, 목소리 톤, 신체 언어 같은 비언어적 단서를 제거하며, 셀피, 개인 업데이트, '좋아요' 경쟁 같은 자기중심적 특성은 타인의 관점을 이해하기보다 자기 홍보에 초점을 맞추게 만든다.[9]

2014년 UCLA의 Uhls 연구팀은 이를 실험으로 입증했다.[10] 51명의 6학년 학생들을 5일간 디지털 기기 사용을 금지하는 자연 캠프에 보냈다. 단 5일 만에, 이 아이들은 비언어적 정서 신호(얼굴 표정, 몸짓)를 인식하는 능력이 디지털 기기를 계속 사용한 통제 집단에 비해 유의미하게 향상되었다. 이는 대면 상호 작용이 공감 능력 발달에 필수적이며, 디지털 커뮤니케이션이 이를 대체할 수 없음을 보여 준다.

중요한 대화는 문자나 카톡보다 전화나 대면으로 하라. 특히 누군가가 힘들어할 때는 더욱 그렇다. 주 1회는 친구나 가족과 최소 2시간 이상, 스마트폰 없이 대면으로 만나라. 대화 중 상대방의 눈을 보고, 표정과 목소리 톤에 주목하라. 이것이 공감 근육을 단련시킨다.

2

뇌는 변할 수 있다: 신경 가소성의 희망

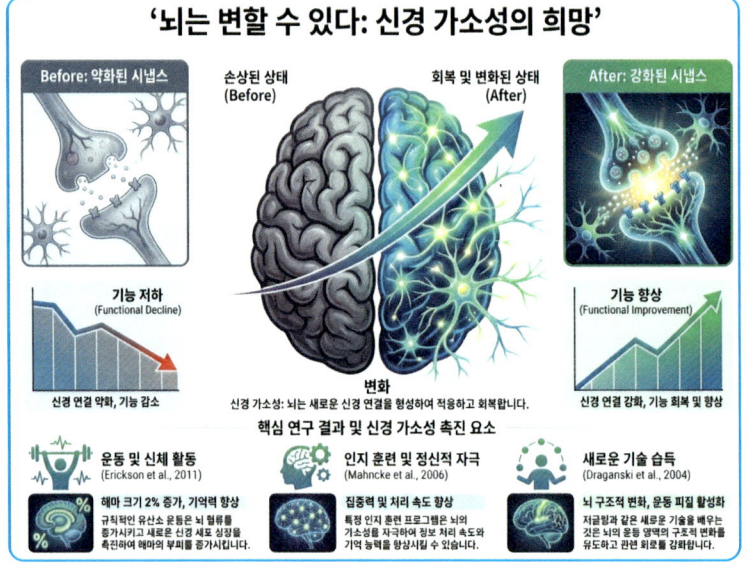

[그림 9-2] 뇌는 변할 수 있다: 신경 가소성의 희망

뇌도 근육처럼 발달한다

여기까지 읽으면 암담해질 수 있다. '내 뇌는 이미 망가진 건가?' 하는 생각이 들 수도 있다. 하지만 좋은 소식이 있다. 뇌는 근육처럼 훈련할 수 있다. 이것을 '신경 가소성(neuroplasticity)'이라고 한다.

한때 과학자들은 뇌가 어린 시절 발달한 후에는 고정된다고 믿었다. 하지만 현대 신경과학은 뇌가 평생에 걸쳐 변화할 수 있음을 명확히 입증했다.[11] 새로운 신경 연결이 만들어지고(시냅스 생성), 사용하지 않는 연결은 제거되며(시냅스 가지치기), 심지어 새로운 뇌세포도 생성된다(신경 생성). 이 모든 과정은 우리의 경험과 학습, 훈련에 의해 일어난다.

실제 사례를 보자. 2004년 드라간스키(Draganski) 연구팀은 저글링을 배운 적 없는 성인들에게 3개월간 저글링을 가르쳤다.[23] MRI로 뇌를 촬영했더니, 시각-운동 협응을 담당하는 뇌 영역의 회백질(신경세포체가 모인 부분) 부피가 실제로 증가했다. 단 3개월 만에 성인의 뇌 구조가 바뀐 것이다. 흥미롭게도, 훈련을 중단한 3개월 후 이 변화는 부분적으로 역전되었다. 이것은 '사용하지 않으면 잃는다(use it or lose it)' 원칙을 보여 준다.

디지털 기술에 의해 손상된 인지 기능도 마찬가지다. 적절한 훈련과 습관 변화로 회복될 수 있다. 이제 그 방법을 구체적으로 살펴보겠다.

실제로 회복한 사람들의 연구

2014년 Mahncke 연구팀은 MPACT(Improvement in Memory with Plasticity-based Adaptive Cognitive Training) 연구에서 487명의 65세

이상 노인을 대상으로 대규모 임상시험을 실시했다.[12] 이들은 8주간, 주 5일, 하루 1시간씩 청각 정보 처리 속도와 정확도를 향상시키는 컴퓨터 훈련을 받았다. 결과는 놀라웠다. 훈련 집단은 통제 집단에 비해 기억력과 주의력에서 유의미한 향상을 보였다. 더 중요한 것은, 이 효과가 훈련받은 특정 과제뿐만 아니라 일반적인 인지 능력 전반에 걸쳐 나타났다는 점이다.

[그림 9-3] 두뇌 회복의 6대 전략

2011년 Erickson 연구팀의 연구는 신체 활동이 뇌 구조에 미치는 영향을 입증했다.[13] 55~80세 성인 120명을 유산소 운동 집단(주 3회 걷기)과 스트레칭 통제 집단으로 나누고 1년간 추적했다. 결과, 유산소 운동 집단의 해마(기억 중추) 부피가 평균 2% 증가했으며, 통제 집단은 1.4% 감소했다. 더욱이, 해마 부피 증가는 혈청 BDNF(뇌유래 신경영양인자, 뇌의 비료 같은 단백질) 수치 상승 및 공간 기억 과제 수행 향상과 상관관계를 보였다.

나이와 상관없이, 적절한 인지 훈련과 생활 습관 변화로 뇌 구조와 기능을 개선할 수 있다. 변화는 수개월 내에 측정 가능하다.

3

우리의 인지 능력을 되찾는 방법

검색 전 60초 멈춤: 능동적 기억 활성화

실제 사례를 보자. 회의 중 누군가 "그 프로젝트 예산이 얼마였지?"라고 묻는다. 반사적으로 스마트폰을 꺼내기 전, 60초만 멈춰라.

"음… 확실하지는 않지만 5천만 원 정도였던 것 같은데?"

그리고 나서 검색으로 확인한다.

"아, 맞네! 5천2백만 원이었구나."

이 과정이 중요하다.

인지 심리학 연구들은 '인출 연습(retrieval practice)'이 단순한 재학습보다 장기 기억을 훨씬 효과적으로 강화한다는 것을 일관되게 보여준다. 2008년 Karpicke와 Roediger의 연구는 이를 명확히 입증했다.[14] 참가자들이 정보를 반복해서 학습하는 것보다, 학습 후 능동적으로 인출을 시도할 때 1주일 후 회상률이 약 50% 더 높았다.

왜 그럴까. 기억을 인출하려는 시도 자체가 신경 연결을 강화하기 때문이다. 실패하더라도 상관없다. 시도 후 정답을 확인하면, 오류 수정과 함께 더 깊은 학습이 일어난다. 반면, 즉시 검색하면 정보는 작업 기억에만 머물다가 곧 사라진다.

실천 방법은 다음과 같다. 궁금한 사실이 생기면 즉시 검색하지 말고 60초간 기억을 되살려 보라. 회의록이나 강의 노트를 보기 전, 먼저 기억나는 내용을 적어 보라. 책을 읽은 후, 내용을 검색하기 전에 스스로 요약해 보라.

GPS 없이 길 찾기: 해마 재활성화

2021년 Sharma 연구팀은 흥미로운 대안을 제시했다.[15] 전통적 턴바이 턴 지시('200m 후 좌회전') 대신, 청각 기반 공간 신호를 제공하는

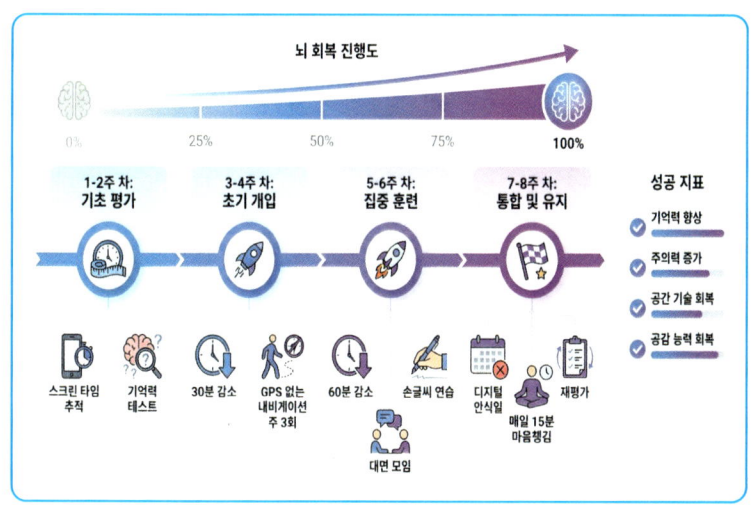

[그림 9-4] 뇌 회복의 진행도

내비게이션 앱이다. 예를 들어, 목적지 방향에서 소리가 들리게 하여 사용자가 환경과 능동적으로 상호 작용 하도록 유도한다. 결과적으로 참가자들은 더 정확한 인지 지도(머릿속 지도)를 형성했다.

하지만 가장 효과적인 방법은 역시 스스로 길을 찾는 것이다. 런던 택시 기사들처럼 해마를 키우는 방법이다.

실천 방법(단계별)

1단계(1-2주): 익숙한 경로 하나 선택
- 집에서 회사, 집에서 마트 등 자주 가는 곳 중 하나를 선택.
- GPS 없이 이동하며 랜드마크를 의식적으로 주목한다. 큰 건물, 특이한 간판, 교차로, 나무 등.
- 집에 돌아와서 종이에 경로를 그려 본다. 랜드마크를 표시.

2단계(3-4주): 새로운 장소 사전 계획
- 처음 가는 곳이라면, 출발 전 종이 지도나 구글 맵으로 경로를 미리 본다.
- 머릿속으로 경로를 그려 본다. '집 → 큰 교차로 좌회전 → 3번째 신호등 우회전'
- GPS는 백업용으로만 준비하고, 길을 잃을 것 같을 때만 확인한다.

3단계(5주 이상): 의도적으로 탐험하기
- 주말에 새로운 동네를 의도적으로 '길을 잃으며' 탐험한다.

- 랜드마크와 방향감(북쪽, 남쪽)을 활용해 스스로 돌아오는 길을 찾는다.
- 이 과정이 처음엔 불안하지만, 해마를 가장 효과적으로 단련시킨다.

4

디지털 디톡스: 실천 가능한 접근

'디지털 디톡스'라고 하면 산속에 들어가 일주일간 스마트폰을 끄는 극단적인 이미지를 떠올린다. 하지만 최근 연구들은 좀 더 현실적이고 지속 가능한 접근을 제안한다.

2023년 Precht 연구팀이 여러 무작위 개입 연구를 종합한 결과, 스마트폰·소셜 미디어 사용 시간을 점진적으로 줄이는 개입이 불안, 우울, 수면의 질 등 다양한 정신 건강 지표를 개선했다.[16] 핵심은 '완전 금욕'이 아니라 '건강한 균형'을 찾는 것이다.

2023년 Throuvala 연구팀은 43명의 젊은 성인을 대상으로 2주간의 소셜 미디어 디톡스 실험을 했다.[17] 참가자들이 보고한 경험은 다음과 같다.

- **적응 기간: 처음 2-3일은 강한 갈망과 불편함**

- 골디락스 효과: '딱 적당한' 사용 수준을 찾는 과정
- 스크린 투 스크린: 소셜 미디어 시간이 다른 디지털 활동(유튜브, 게임 등)으로 이동
- 완벽이 아닌 진전: 완전한 금욕보다는 건강한 균형 추구

근거 재검토를 해 보자면, 다만 이 연구는 표본 수가 43명으로 작은 탐색적 연구다. 모든 사람에게 동일하게 나타나는 보편적 현상이라고 단정하기보다는, '일부 사용자에게서 관찰된 주의 사항' 정도로 이해하는 것이 적절하다. 더 큰 규모의 후속 연구가 필요하다.

실천 방법(4주 프로토콜)

1주차: 베이스라인 측정
- 스크린 타임 추적 앱(iPhone: 스크린 타임, Android: Digital Well-being) 설치
- 일주일간 사용 패턴 기록: 어떤 앱을 언제, 얼마나 사용하는지 파악

2주차: 목표 설정 및 초기 감소
- 현재 일일 사용 시간의 70%로 감소 목표 설정(예: 6시간 → 4시간)
- 취침 1시간 전 '디지털 커퓨' 설정(스마트폰 다른 방에 충전)
- 식사 시간에 스마트폰 사용 금지

3-4주차: 심화 및 '딥 워크' 도입

- 업무/학습 시작 후 첫 2시간을 '딥 워크' 시간으로 설정
- 이 시간 동안 스마트폰을 다른 방에 보관하거나 서랍에 넣어 둠
- 소셜 미디어 확인은 정해진 시간에만(예: 점심시간, 저녁 7시)
- 주말 중 하루는 '디지털 안식일': 오전 10시부터 오후 6시까지 스마트폰 없이 지내기

○ 5 ○

대면 상호 작용: 공감 회복

실제 사례를 보자. 친구와 카페에서 만났다. 커피를 주문하고 앉자마자 둘 다 스마트폰을 꺼낸다. 30분이 지나도록 눈을 마주친 시간은 5분도 안된다. 이것이 '함께 있지만 혼자인(alone together)' 현대인의 모습이다.

Uhls 연구팀(2014)의 5일 캠프 연구가 보여 주듯, 공감 능력은 대면 상호 작용을 통해 빠르게 회복된다.[10] 핵심은 '의도적' 대면 시간이다. 그냥 같은 공간에 있는 것이 아니라, 온전히 서로에게 집중하는 시간이다.

실천 방법은 다음과 같다. 주 1회 '디지털 프리 모임'으로 친구나 가족과 최소 2시간 이상, 스마트폰 없이 만나라. 테이블 한가운데 모든 스마트폰을 모아 두거나 가방에 넣어 두는 것이다. 대화 중에는 상대방의 표정, 제스처, 목소리 톤을 의식적으로 관찰하는 비언어적 신호 주목 훈련을 실천하라. '지금 이 사람 목소리가 평소보다 낮네. 피곤한가?' 같은 질문을 스스로에게 던져 보는 것이다. 적극적 경청도 중요하다. 상대방이 말할 때 스마트폰을 절대 확인하지 않고, 말을 끊지 않으며, 이해한 내용을 요약해서 확인하라.

"그러니까 네가 말하고 싶은 건… 이거 맞아?"

그리고 누군가가 힘들어하거나, 중요한 결정을 논의하거나, 갈등을 해결해야 할 때는 문자나 카카오톡 대신 전화나 대면으로 만나라.

6

손으로 쓰기: 깊이 있는 학습

실제 사례를 보자. 강의를 들으며 노트북으로 필기한다. 교수님 말씀을 거의 다 받아 적었다. 완벽한 기록이다. 그런데 시험공부를 하려고 노트를 보니 이상하다. 단어는 다 있는데, 무슨 내용인지 이해가 안 된다. 마치 속기사처럼 기계적으로 받아 적었을 뿐, 뇌는 작동하지 않았던 것이다.

2014년 프린스턴대학교의 Mueller와 Oppenheimer는 노트북 필기와 손 필기의 학습 효과를 비교했다.[18] 놀랍게도 노트북으로 필기한 학생들이 더 많은 단어를 기록했음에도 불구하고, 개념적 이해도는 손으로 필기한 학생들이 유의미하게 높았다. 특히 강의 1주일 후 실시한 지연 회상 테스트에서, 손 필기 집단은 사실 기억과 개념적 적용 문제 모두에서 더 우수한 성과를 보였다.

왜 그럴까? 노트북 필기는 타이핑 속도가 빨라서 '무사고 전사

(mindless transcription)'를 초래한다. 즉, 뇌를 거치지 않고 귀에서 손가락으로 바로 전달된다. 반면 손 필기는 속도가 느리기 때문에, 뇌가 정보를 한 번 걸러서 핵심만 요약하게 된다. 이 '요약하고 재구성하는 과정'이 바로 정보를 내 것으로 만드는 진짜 학습이다. 연구자들은 이를 '생성적 처리(generative processing)'라고 부른다.[18]

실천 방법은 다음과 같다. 중요한 회의나 강의에서는 노트북 대신 노트와 펜을 가져가라. 모든 말을 적으려 하지 말고, 핵심 포인트만 자신의 언어로 요약하는 것이다. 브레인스토밍을 할 때는 디지털 도구 대신 종이와 펜을 사용하라. 자유롭게 그림도 그리고, 화살표로 연결하고, 여백에 메모하는 것이다. 독서는 전자책보다 종이책으로 하고, 여백에 생각을 손으로 메모하라. 밑줄도 긋고, 물음표도 그려라. 하루 10분, 손으로 일기를 써라. 타이핑보다 느리지만, 그만큼 생각이 깊어진다.

7

의도적으로 멍때리기: 창의성 회복

실제 사례를 보자. 버스를 기다리는 2분, 엘리베이터를 타는 30초, 화장실에 앉은 5분. 이 모든 '틈새 시간'에 우리는 반사적으로 스마트 폰을 꺼낸다. SNS를 확인하고, 뉴스를 보고, 유튜브를 본다. 뇌가 쉴 틈이 없다.

우리 뇌에는 '디폴트 모드 네트워크(Default Mode Network, DMN)'라 는 것이 있다.[19] 이것은 외부 과제에 집중하지 않을 때 활성화되는 뇌 영역 네트워크로, 자기 성찰, 미래 계획, 창의적 사고를 담당한다. 문 제는 우리가 DMN을 작동시킬 기회를 주지 않는다는 것이다. 항상 무언가를 보고, 듣고, 읽고 있으니까.

2015년 버지니아대학교의 Wilson 연구팀은 사람들이 '아무것도 하 지 않는' 것을 얼마나 불편해하는지 측정했다.[20] 참가자들은 6~15분간 혼자 빈방에서 아무 자극 없이 생각하며 시간을 보내도록 요청받았다. 유일한 '오락'은 전기 충격 장치였다. 놀랍게도 많은 참가자들, 특히 남성의 67%가 지루함을 견디지 못하고 스스로에게 불쾌한 전기 충격을 가했다. 고통을 느끼는 것이 아무것도 하지 않는 것보다 나았던 것이다.

하지만 '멍때리기'는 뇌에 매우 중요하다. 많은 창의적 통찰력이 샤워 중, 산책 중, 잠들기 직전처럼 DMN이 활성화될 때 일어난다. 아인슈타인도 바이올린을 연주하거나 산책하며 많은 아이디어를 얻었다고 한다.

실천 방법은 다음과 같다. 알람을 15분으로 설정하고 조용한 곳에 앉아 스마트폰이나 책 같은 자극을 모두 치우는 '일일 15분 멍때리기'를 실천하라. 명상이 아니어도 된다. 그냥 가만히 앉아서 생각이 흘러가도록 두면 된다. 주 2~3회는 음악이나 팟캐스트 없이 걷고, 주변 소리에 귀 기울이며 생각에 잠겨라. 샤워 중에는 스마트폰을 멀리 두고 물소리와 감각에 집중하라. 버스를 기다리거나 줄을 서 있을 때는 스마트폰을 꺼내지 말고 주변을 관찰하거나 그냥 멍하니 있어라. 잠들기 전 30분은 스마트폰을 치우고 천장을 보며 하루를 돌아보거나 창밖을 바라보라.

8

뇌가 변하는 과학적 원리

앞에서 제시한 방법들이 왜 효과가 있는지, 뇌 수준에서 무슨 일이 일어나는지 알아보겠다. 과학적 원리를 이해하면 실천 동기가 더 강해진다.

시냅스 가소성과 BDNF

뇌는 약 860억 개의 신경세포(뉴런)로 이루어져 있다. 이 뉴런들은 '시냅스'라는 연결점을 통해 서로 소통한다. 학습과 기억은 시냅스 연결의 강화 또는 약화를 통해 일어난다. 이것을 '시냅스 가소성'이라고 한다.

산길을 생각해 보라. 처음에는 풀이 무성해서 걷기 힘들다. 하지만 같은 길을 자주 걸으면 길이 닦이고 넓어진다. 반대로, 한동안 안 걸으면 다시 풀이 자라서 길이 사라진다. 시냅스도 마찬가지다. 자주 사용하는 연결은 강해지고(장기 강화, LTP), 사용하지 않는 연결은 약해진다.

여기서 중요한 역할을 하는 것이 BDNF(뇌유래 신경 영양인자, Brain-Derived Neurotrophic Factor)다.[21] BDNF는 '뇌의 비료'라고 불린다. 신경세포의 성장과 생존을 돕고, 시냅스 연결을 강화하며, 새로운 뉴런 생성을 촉진한다.

Erickson 연구팀(2011)의 운동 연구를 기억하는가.[13] 1년간 유산소 운동을 한 노인들의 해마 부피가 2% 증가했다. 이 변화는 혈청 BDNF 수치 상승과 밀접하게 연결되어 있었다. 즉, 운동이 BDNF를 증가시키고, BDNF가 해마의 성장을 촉진한 것이다. 인지 훈련도 비슷한 효과를 보인다. Mahncke 연구팀(2006)의 인지 훈련 연구에서도 훈련 후 BDNF 수준이 증가했으며, 이는 인지 향상과 상관관계를 보였다.[12]

백질 구조 변화

뇌는 회백질과 백질로 구성된다. 회백질은 신경세포의 본체가 모인 곳이고, 백질은 뇌 영역들을 연결하는 '고속도로' 같은 신경 섬유(축삭) 다발이다.

2011년 Takeuchi 연구팀은 8주간의 작업 기억 훈련이 백질 미세구조를 변화시킴을 확산 텐서 영상(DTI)으로 확인했다.[22] 특히 전두엽(집행 기능 담당)과 두정엽(주의력 담당)을 연결하는 상종속다발(superior longitudinal fasciculus)의 구조적 완전성이 향상되었으며, 이는 작업 기억 수행 향상과 상관관계를 보였다.

서울과 부산을 연결하는 도로를 생각해 보자. 처음에는 비포장도로라 차가 느리게 간다. 하지만 자주 사용하면 포장하고, 차선을 늘리고, 고속도로로 업그레이드된다. 백질도 마찬가지다. 특정 뇌 영역 간 연결을 자주 사용하면, 그 '신경 고속도로'가 강화되고 빨라진다. 결과적으로 정보 전달이 더 효율적이게 된다.

회백질 부피 변화

앞서 언급한 Draganski 연구팀(2004)의 저글링 연구는 회백질 부피 변화를 명확히 보여 준다.[23] 3개월간 저글링을 배운 성인들의 시각-운동 협응 관련 뇌 영역 부피가 증가했다. 이것은 단순히 기존 뉴런이 커진 것이 아니라, 새로운 시냅스 형성, 혈관 증가, 지지 세포 증가 등 복합적 변화의 결과다.

중요한 것은 '사용하지 않으면 잃는다(use it or lose it)' 원칙이다. 저글링 훈련을 중단한 3개월 후, 이 변화는 부분적으로 역전되었다.[23] 마치 근육을 운동으로 키웠다가 운동을 멈추면 다시 줄어드는 것과 같다.

이것은 일시적 '디지털 디톡스 캠프'보다 지속 가능한 습관 변화가 중요함을 시사한다. 2주간 스마트폰을 끄고 산에 들어갔다가 다시 돌아와 예전 습관으로 돌아가면 효과가 사라진다. 대신 8주 이상의 점진적·지속적 변화가 뇌 구조를 실제로 바꾼다.

○ 9 ○

8주 인지 주권 회복 프로그램

지금까지 배운 모든 원리와 방법을 체계적인 8주 프로그램으로 통합했다. 이 프로그램은 신경 가소성 연구들이 제시하는 최소 훈련 기간(8주)을 바탕으로 설계되었다.

1-2주차: 인식과 베이스라인 설정

목표: 현재 상태를 정확히 파악해야 한다. 변화를 측정하려면 출발점을 알아야 한다.

실천 과제

- 스크린 타임 추적: 스마트폰 스크린 타임 앱을 활성화하고 7일 간 사용 패턴 기록. 어떤 앱을 언제, 얼마나 사용하는지 메모.
- 공간 내비게이션 능력 평가: 집에서 직장/학교까지 경로를

GPS 없이 종이에 그려 본다. 주요 랜드마크를 표시하라. 얼마나 정확히 그릴 수 있나?

- 기억력 테스트: 최근 7일간 검색한 정보 중 5가지를 떠올려 본다. (예: 어제 찾아본 식당 이름, 모레 회의 시간 등) 몇 개나 기억나나?
- 일기 시작: 매일 5분, 스마트폰 사용으로 느끼는 불편함이나 변화를 기록한다.

3-4주차: 초기 개입

목표: 디지털 사용량을 점진적으로 줄이고, 능동적 인지 활동을 시작한다.

실천 과제

- 디지털 감소: 일일 스마트폰 사용 시간을 베이스라인 대비 30분 감소. (예: 6시간 → 5시간 30분)
- GPS 없이 이동: 주 3회, 익숙한 경로를 GPS 없이 이동. 랜드마크를 의식적으로 주목.
- 검색 전 멈춤: 하루 최소 3번, 검색하기 전 60초간 스스로 답을 떠올리기.
- 물리적 분리: 업무/학습 시작 후 첫 1시간, 스마트폰을 다른 방이나 서랍에 보관.
- 취침 루틴: 잠들기 1시간 전부터 스마트폰을 침실 밖에 충전.

5-6주차: 심화 훈련

목표: 디지털 감소를 더 강화하고, 대면 상호 작용과 손 필기를 추가한다.

실천 과제

- 디지털 감소 확대: 일일 스마트폰 사용 시간을 베이스라인 대비 60분 감소. (예: 6시간 → 5시간)
- 새로운 경로 탐험: 주 2회, 새로운 경로나 장소를 GPS 없이 탐험. 사전에 지도를 보고 계획.
- 손 필기: 중요한 회의나 강의에서 노트북 대신 손으로 필기. 핵심만 요약.
- 디지털 프리 모임: 주 1회, 친구나 가족과 2시간 이상 스마트폰 없이 대면 시간.
- 딥 워크 확대: 업무/학습 시작 후 첫 2시간으로 확대. 스마트폰 완전 분리.

7-8주차: 통합과 유지

목표: 모든 습관을 통합하고, 장기 유지 전략을 수립한다.

실천 과제

- 의도적 무위: 매일 15분, 스마트폰이나 다른 자극 없이 조용히 앉아 있기. DMN 활성화.
- 디지털 안식일: 주말 중 하루, 오전 10시~오후 6시 스마트폰 없이 지내기.

- 재평가: 1-2주차에 했던 테스트를 다시 실시. 공간 내비게이션, 기억력, 스크린 타임 비교.
- 장기 계획 수립: 8주 후에도 유지할 핵심 습관 3가지 선택. (예: 취침 전 디지털 커퓨, 주 1회 GPS 없이 이동, 중요한 내용 손 필기)
- 성과 기록: 8주간의 변화를 일기로 정리. 어떤 점이 좋아졌나? 어떤 점이 어려웠나?

중요한 점은, 완벽하지 않아도 된다는 것이다. 가끔 실패해도 괜찮다. 중요한 것은 '방향'이다. 8주 전보다 조금이라도 나아졌다면 성공이다. Draganski 연구가 보여 주듯, 훈련을 멈추면 일부 변화는 역전된다.[23] 따라서 8주 프로그램은 시작일 뿐, 평생의 습관으로 만드는 것이 목표다.

결론: 디지털 기술의 주인이 되기

이 글에서 검토한 광범위한 신경 과학 및 심리학 연구들은 명확한 메시지를 전한다.

첫째, 디지털 기술은 우리의 인지 기능에 측정 가능한 영향을 미친다. Sparrow 연구팀의 구글 효과,[1] Ward 연구팀의 브레인 드레인,[3] Dahmani와 Bohbot의 GPS 의존 연구,[6] Konrath 연구팀의 공감 감소 메타분석[9]은 모두 우리가 디지털 편의의 대가로 중요한 인지 능력을 희생하고 있음을 시사한다.

둘째, 하지만 뇌는 변할 수 있다. Erickson 연구팀의 운동 연구,[13] Mahncke 연구팀의 인지 훈련 연구,[12] Precht와 Throuvala 연구팀의 디지털 디톡스 연구[16], [17]는 모두 적절한 개입을 통해 인지 기능을 회복하고 향상시킬 수 있음을 입증한다. 신경 가소성 덕분에 뇌는 우리가 사용하는 방식대로 변하며, 이는 손상뿐만 아니라 회복에도 적용된다.

셋째, 핵심은 디지털 기술을 맹목적으로 거부하는 것이 아니라, 의식적이고 전략적으로 사용하는 것이다. 우리는 디지털 시대에 살고 있고, 스마트폰과 인터넷은 강력한 도구다. 문제는 도구 자체가 아니라 우리가 도구의 '노예'가 되었다는 것이다. 이 글에서 제시한 방법들—검색 전 멈춤, GPS 선택적 사용, 디지털 디톡스, 대면 상호 작용 증진, 손 필기, 의도적 무위—은 우리의 '인지 주권'을 되찾는 구체적 전략들이다.

여러분은 이미 첫걸음을 뗐다. 이 긴 글을 끝까지 읽었다는 것 자체가 변화의 의지를 보여 준다. 이제 실천할 차례다. 8주 프로그램을 시작해 보라. 완벽하지 않아도 된다. 작은 변화부터 시작하라. 그리고 8주 후, 스스로에게 물어보라.

- **예전보다 더 잘 기억하는가?**
- **길을 찾는 것이 더 쉬워졌는가?**
- **사람들과 대화할 때 더 깊이 공감하는가?**
- **혼자 있을 때 더 창의적인 생각이 떠오르는가?**
- **스마트폰을 덜 확인하게 되었는가?**

하나라도 '그렇다'라면, 당신은 성공한 것이다. 뇌가 변했다. 계속 전진하라. 당신의 인지 주권은 당신의 것이다.

○ 10 ○

연구의 한계와 앞으로의 과제

과학은 완벽하지 않다. 이 글에서 인용한 연구들에도 한계가 있으며, 이를 솔직히 밝히는 것이 중요하다.

재현성 문제

일부 핵심 연구들, 특히 구글 효과[2]와 브레인 드레인[4, 5]의 재현 연구들은 원 연구의 결과를 완전히 재현하지 못했다. 이는 이러한 현상들이 우리가 생각하는 것보다 복잡하며, 측정 방법, 참가자 특성, 개인의 기술 사용 패턴 등에 영향받을 수 있음을 시사한다. 예를 들어, 브레인 드레인 효과는 스마트폰 의존도가 높은 사람들에게서 더 두드러지게 나타났다. 향후 연구는 표준화된 프로토콜과 더 큰 샘플 크기를 사용하여 이러한 효과가 언제, 누구에게 나타나는지 명확히 해야 한다.

인과 관계 vs 상관관계

많은 연구들이 한 시점의 데이터만 수집하는 횡단적(cross-sectional) 설계를 사용했다. 이는 인과 관계를 확정하기 어렵게 만든다. 예를 들어, GPS 사용과 공간 기억 저하의 관계에서, 원래 공간 능력이 낮은 사람들이 GPS를 더 많이 사용하는 것인지, GPS 사용이 공간 능력을 저하시키는 것인지 명확하지 않다. Dahmani와 Bohbot의 3년 종단 연구[6]가 부분적으로 이를 해결했지만, 더 장기적이고 더 큰 규모의 종단 연구가 필요하다.

샘플의 대표성

대부분의 연구가 서구권, 특히 미국과 유럽의 대학생이나 젊은 성인을 대상으로 했다. 이는 결과의 일반화 가능성을 제한한다. 다른 연령대(특히 아동과 노인), 문화권, 사회 경제적 배경을 포괄하는 연구가 필요하다. 한국인, 일본인, 중국인은 서양인과 다른 디지털 사용 패턴을 보일 수 있고, 이것이 인지적 영향도 달라지게 할 수 있다.

개입의 장기 효과

많은 디지털 디톡스 연구들이 단기적 효과(2~4주)만을 평가했다. 이러한 변화가 장기적으로 유지되는지, 혹은 개입 중단 후 원래 패턴으로 회귀하는지는 불명확하다. Draganski 연구팀[23]이 보여 주듯, 뇌의 구조적 변화도 사용 중단 후 역전될 수 있다. 따라서 6개월, 1년 이상의 장기 추적 연구가 필수적이다.

AI 시대의 새로운 도전

이 글은 주로 스마트폰, GPS, 소셜 미디어의 영향을 다뤘다. 하지만 ChatGPT와 같은 생성형 AI의 부상은 새로운 차원의 인지적 도전을 제기한다. AI가 글쓰기, 코딩, 문제 해결을 대신 수행할 때, 이것이 인간의 비판적 사고, 창의성, 학습 능력에 어떤 장기적 영향을 미칠지에 대한 연구가 시급하다. 우리는 이제 '디지털 외주화'를 넘어 'AI 외주화' 시대에 진입하고 있다.

과학적 증거는 충분히 강력하지만 완벽하지는 않다. 따라서 이 글의 제안들을 맹신하기보다는, 스스로 실험해 보고 자신에게 맞는 균형점을 찾는 것이 중요하다. 과학은 계속 진화하고 있으며, 우리의 이해도 함께 진화해야 한다.

핵심 용어 설명

- 신경 가소성(neuroplasticity): 뇌가 경험과 학습에 따라 구조와 기능을 변화시키는 능력. 마치 근육이 운동으로 발달하듯, 뇌도 사용 방식에 따라 평생 변함.
- 인지 오프로딩(Cognitive Offloading): 뇌의 인지 작업을 외부 도구에 위임하는 것. (예: 전화번호를 외우는 대신 스마트폰에 저장, 계산을 머릿속으로 하는 대신 계산기 사용)
- 거래적 기억(Transactive Memory): 정보가 개인의 머릿속이 아니라 사회적 네트워크나 외부 저장소(컴퓨터, 인터넷 등)에 분산 저장되는 기억 시스템. 구성원들은 '누가(혹은 어디에) 무엇을 알고 있는지'만 기억하면 됨.
- 작업 기억(Working Memory): 짧은 시간 동안 정보를 유지하고

조작하는 뇌의 '작업대'. 용량이 제한적(보통 7±2 항목)이며, 복잡한 사고에 필수적.

- 해마(Hippocampus): 뇌의 측두엽 안쪽에 위치한 구조로, 새로운 기억 형성(특히 사실과 사건 기억, 공간 기억)에 결정적 역할을 함. 알츠하이머병에서 가장 먼저 손상되는 영역.

- 디폴트 모드 네트워크(Default Mode Network, DMN): 외부 과제에 집중하지 않을 때(멍때릴 때) 활성화되는 뇌 영역들의 네트워크. 자기 성찰, 미래 계획, 창의적 사고를 담당.

- BDNF(뇌유래 신경영양인자): '뇌의 비료'라고 불리는 단백질. 신경세포의 성장, 생존, 연결을 촉진함. 운동과 인지 훈련이 BDNF를 증가시킴.

- 시냅스: 신경세포(뉴런)들이 서로 소통하는 연결점. 학습과 기억은 시냅스 연결의 강화 또는 약화를 통해 일어남.

- 백질(White Matter): 뇌 영역들을 연결하는 신경 섬유(축삭) 다발. 뇌의 '고속도로' 역할을 함.

- 회백질(Gray Matter): 신경세포의 본체가 모여 있는 뇌 조직. 정보 처리와 의사 결정을 담당함.

- 장기 강화(Long-Term Potentiation, LTP): 반복적 자극에 의해 시냅스 전달이 장기적으로 강화되는 현상. 학습과 기억의 세포 수준 메커니즘. '사용할수록 강해진다'는 원리.

- 확산 텐서 영상(Diffusion Tensor Imaging, DTI): 뇌의 백질 구조와 신경 섬유 경로를 비침습적으로 시각화하는 MRI 기법. 물 분자의 확산 방향성을 측정하여 축삭 다발의 완전성과 연결성을 평가함.

- 복셀 기반 형태학(Voxel-Based Morphometry, VBM): 뇌 MRI 영상을 분석하여 회백질이나 백질의 국소적 부피 차이를 통계적으로 비교하는 방법. 질환, 나이, 훈련 등에 따른 뇌 구조 변화를 연구하는 데 사용됨.

추가 권장 최신 연구(2020-2025)

디지털 과사용이 인간의 정신 건강과 인지 기능을 어떻게 잠식하는가에 대한 학문적 관심은 2020년대를 기점으로 본격적인 축적의 단계에 접어들었다. 아래에 소개하는 다섯 편의 연구는 각기 다른 방법론과 접근 방식을 취하고 있지만, 결국 하나의 본질적인 질문을 향해 수렴한다. 스마트폰 사용을 줄이는 순간 우리 삶에는 무엇이 달라지는가, 그리고 오랫동안 자극에 지쳐온 뇌는 과연 스스로를 회복할 수 있는가?

디지털 디톡스와 정신 건강: 체계적 검토의 현황

마르치아노 등(Marciano, Jindal, & Viswanath, 2024)은 2023년까지 발표된 디지털 디톡스 관련 연구들을 종합한 최신 리뷰를 〈소아과학(Pediatrics)〉에 발표했다.[1] 이 연구는 단일 실험이 아니라 기존 연구들의 성과와 한계를 체계적으로 정리한 상태-of-the-art 리뷰로서, 503 명을 대상으로 한 핵심 연구를 중심으로 분석을 전개한다. 해당 연구에서 하루 60분의 스마트폰 사용 감소가 불안과 우울 증상을 통계적으로 유의미하게 감소시켰다는 결과가 확인되었다. 특히 이 리뷰가 주목할 만한 이유는 아동·청소년 집단에 초점을 맞춘 〈소아과학 (Pediatrics)〉 저널에 게재되었다는 점으로, 디지털 과사용의 피해가 성인보다 발달 단계에 있는 청소년층에서 더욱 심각할 수 있음을 시사한다.

향후 연구 방향으로는 디지털 디톡스의 '최소 유효 용량'을 규명하는 연구가 필요하다. 하루 60분 감소가 효과적이라면, 30분은 어떠한가? 120분은 선형적으로 더 효과적인가? 또한 연령대별, 스마트폰 사용 패턴별로 효과의 크기가 어떻게 달라지는지를 세분화하는 층화 분석 연구가 후속 과제로 요청된다.

스크린 타임 감소의 정신 건강 효과: 무작위 통제 시험

장 등(Zhang et al., 2024)의 연구는 디지털 사용 감소의 효과를 과학적 인과 추론의 황금 기준인 무작위 통제 시험(RCT)으로 검증했다는 점에서 중요한 의의를 가진다.[2] 111명의 학생을 실험군과 대조군으로 무작위 배정한 후, 3주간의 스크린 타임 감소 개입을 실시했다. 개입 이후 우울 증상, 불안 수준, 수면의 질 세 가지 지표 모두에서 유의미한 개선이 관찰되었다. 이 연구가 특히 주목받는 이유는 방법론적 엄밀성에 있다. 많은 디지털 건강 연구들이 자기 보고식 설문이나 관찰 연구에 머무르는 데 반해, 이 연구는 무작위 배정을 통해 교란 변수를 통제함으로써 스크린 타임 감소와 정신 건강 개선 사이의 인과 관계를 보다 강력하게 지지한다.

후속 연구로는 3주라는 단기 개입의 효과가 어느 기간까지 지속되는지를 추적하는 장기 추적 연구가 필요하다. 또한 스크린 타임의 총량뿐 아니라 사용 콘텐츠의 유형(소셜 미디어 vs 교육 콘텐츠 vs 수동적 동영상 소비)에 따라 정신 건강 효과가 어떻게 차별화되는지를 규명하는 세분화 연구도 의미 있는 기여가 될 것이다.

창의적 인지의 신경망 기반: DMN과 실행 네트워크의 동적 연결

비티 등(Beaty et al., 2023)의 연구는 뇌 영상(fMRI) 기술을 활용하여 창의적 사고가 어떤 신경망 구조에서 발생하는지를 정밀하게 규명했다.[*] 이 연구의 핵심 발견은 창의적 통찰이 단일 뇌 영역의 활성화가 아니라, 디폴트 모드 네트워크(DMN)와 실행 통제 네트워크(Executive Control Network) 사이의 농적 연결성에 의해 예측된다는 점이다. DMN은 외부 자극 없이 내면을 향한 자유로운 사고가 이루어질 때 활성화되는 네트워크로, 흔히 '멍때림'의 신경학적 기반으로 알려져 있다. 연구팀은 이 두 네트워크가 얼마나 유연하게 협응하는지가 개인의 창의적 능력을 결정하는 핵심 변수임을 밝혔다. 나아가 디지털 기기에 의한 지속적 방해가 이러한 네트워크 동역학을 저해할 수 있다는 점을 시사함으로써, 스마트폰 알림이 단순히 집중을 흩트리는 것을 넘어 창의성의 신경학적 기반 자체를 잠식할 수 있다는 가설을 제공한다.

향후 연구에서는 디지털 방해 자극의 빈도와 강도를 실험적으로 조작하면서 DMN-실행 네트워크 연결성의 변화를 실시간으로 측정하는 연구가 필요하다. 또한 디지털 공백(digital sabbath) 훈련이 이 연결성을 실제로 회복시키는지를 종단적으로 추적하는 개입 연구도 중요한 과제로 남아 있다.

디지털 넛지를 활용한 행동 개입: 스크린 타임 추적의 가능성

이 등(Lee et al., 2025)의 연구는 흥미로운 역설적 접근을 취한다. 스마트폰 과사용을 줄이기 위해 스마트폰 기반의 넛지(nudge) 기술을 활용하는 것이다.[4] 스크린 타임 추적 기능을 활용한 능동적 행동 개입이 과도한 스마트폰 사용을 감소시키고 수면의 질을 향상시킬 수 있음을 탐색적 연구를 통해 제시했다. 이 연구는 아직 탐색적 단계에 머물러 있어 결론의 강도는 제한적이지만, '기술로 기술의 과잉을 조절한다'는 프레임은 실천적 함의에서 매우 유용하다. 디지털 완전 금욕이 현실적으로 불가능한 현대인에게, 기술 내부에서 작동하는 자기조절 메커니즘을 구축하는 접근은 실행 가능성이 높은 대안이 될 수 있다.

후속 연구로는 탐색적 설계를 넘어선 대규모 무작위 통제 시험이 요청된다. 특히 넛지의 구체적 형태(단순 사용 시간 알림 vs 사용 패턴 시각화 vs 목표 설정 기능)에 따른 효과 차이를 비교하는 연구와, 넛지 개입을 중단한 이후 행동 변화가 얼마나 지속되는지를 추적하는 연구가 실질적인 정책 설계에 기여할 것이다.

신체 활동과 신경 가소성: 뇌 회복의 생물학적 경로

량 등(Liang et al., 2025)의 연구는 신체 활동이 신경 가소성을 촉진하는 다양한 생물학적 경로를 종합적으로 검토한 리뷰 연구다.[5] 이 연구에서 특히 주목할 성과는 이중 과제 훈련(dual-task training), 즉 신체 운동과 인지 과제를 동시에 수행하는 훈련이 주의력과 처리 속도를 8~14% 향상시켰다는 결과다. 신체 활동이 BDNF(뇌 유래 신경영양인자)의 분비를 증가시키고, 해마 및 전전두피질의 회백질 밀도를 높이며, 시냅스 가소성을 촉진한다는 다층적 메커니즘이 종합 정리 되었다. 이는 디지털 기기 사용 감소와 신체 활동 증가가 독립적인 두 개입이 아니라 상호 보완적인 인지 회복 전략임을 시사한다. 움직임은 단순히 건강을 위한 것이 아니라, 디지털 시대에 위축된 뇌를 재건하는 직접적인 수단이다.

향후 연구에서는 디지털 사용 감소와 신체 활동 증가를 동시에 개입 변수로 설정하여 시너지 효과를 검증하는 복합 개입 연구가 의미 있는 기여를 할 것이다. 또한 어떤 종류의 신체 활동(유산소 vs 저항 운동 vs 이중 과제 훈련)이 디지털 과사용으로 인한 특정 인지 기능 저하를 가장 효과적으로 회복시키는지를 비교하는 표적형 연구도 중요한 과제로 남아 있다.

참고 문헌

1. Marciano, L., Jindal, S., & Viswanath, K. (2024). Digital Detox and Well-Being: A State-of-the-Art Review. Pediatrics, 154(4), e2024066142.

2. Zhang, Y., et al. (2024). Smartphone Screen Time Reduction Improves Mental Health: A Randomized Controlled Trial. BMC Medicine, 22, 53.

3. Beaty, R. E., et al. (2023). Network Neuroscience of Creative Cognition: Mapping Cognitive Mechanisms and Individual Differences in the Creative Brain. Current Opinion in Behavioral Sciences, 27, 101257.

4. Lee, S., et al. (2025). Active Nudging Towards Digital Well-Being: Reducing Excessive Screen Time and Improving Sleep Quality. Frontiers in Psychiatry, 16, 1602997.

5. Liang, X., et al. (2025). Physical Activity and Neuroplasticity in Neurodegenerative Disorders. Frontiers in Neuroscience, 19, 1502417.

참고문헌

1. Sparrow, B., Liu, J., & Wegner, D. M. (2011). Google Effects on Memory: Cognitive Consequences of Having Information at Our Fingertips. Science, 333(6043), 776-778.

2. Camerer, C. F., et al. (2018). Evaluating the Replicability of Social Science Experiments in Nature and Science between 2010 and 2015. Nature Human Behaviour, 2(9), 637-644.

3. Ward, A. F., Duke, K., Gneezy, A., & Bos, M. W. (2017). Brain Drain: The Mere Presence of One's Own Smartphone Reduces Available Cognitive Capacity. Journal of the Association for Con-

sumer Research, 2(2), 140-154.

4. Ruiz-Pardo, M., & Minda, J. P. (2022). Reexamining the ₩"Brain Drain₩" Effect: A Replication of Ward et al. (2017). Consciousness and Cognition, 104, 103396.

5. Sha, P., & Dong, X. (2023). Does the Brain Drain Effect Really Exist? A Meta-Analysis. Healthcare, 11(19), 2661.

6. Dahmani, L., & Bohbot, V. D. (2020). Habitual Use of GPS Negatively Impacts Spatial Memory During Self-Guided Navigation. Scientific Reports, 10(1), 6310.

7. Javadi, A. H., et al. (2017). Hippocampal and Prefrontal Processing of Network Topology to Simulate the Future. Nature Communications, 8, 14652.

8. Maguire, E. A., et al. (2000). Navigation-Related Structural Change in the Hippocampi of Taxi Drivers. Proceedings of the National Academy of Sciences, 97(8), 4398-4403.

9. Konrath, S. H., O'Brien, E. H., & Hsing, C. (2011). Changes in Dispositional Empathy in American College Students Over Time: A Meta-Analysis. Personality and Social Psychology Review, 15(2), 180-198.

10. Uhls, Y. T., et al. (2014). Five Days at Outdoor Education Camp Without Screens Improves Preteen Skills with Nonverbal Emotion Cues. Computers in Human Behavior, 39, 387-392.

11. Merzenich, M. M., et al. (1991). Adaptive Mechanisms in Cortical Networks Underlying Cortical Contributions to Learning and Nondeclarative Memory. Cold Spring Harbor Symposia on Quantitative Biology, 55, 873-887.

12. Mahncke, H. W., et al. (2006). Memory Enhancement in Healthy Older Adults Using a Brain Plasticity-Based Training Program: A Randomized, Controlled Study. Proceedings of the National Academy of Sciences, 103(33), 12523-12528.

13. Erickson, K. I., et al. (2011). Exercise Training Increases Size of Hippocampus and Improves Memory. Proceedings of the National Academy of Sciences, 108(7), 3017-3022.

14. Karpicke, J. D., & Roediger, H. L. (2008). The Critical Importance of Retrieval for Learning. Science, 319(5865), 966-968.

15. Sharma, G., et al. (2021). Rethinking GPS Navigation: Creating Cognitive Maps Through Auditory Clues. Scientific Reports, 11(1), 7200.

16. Precht, L., et al. (2023). Smartphones, Physical Activity, or Both? A Randomized Controlled Trial on the Effects of Smartphone Use Reduction and Physical Activity Increase on Well-Being. Applied Psychology: Health and Well-Being, 15(1), 168-187.

17. Throuvala, M. A., et al. (2023). Taking a Break: The Effects of Partaking in a Two-Week Social Media Digital Detox on Problematic Smartphone and Social Media Use. Healthcare, 11(24), 3117.

18. Mueller, P. A., & Oppenheimer, D. M. (2014). The Pen Is Mightier Than the Keyboard: Advantages of Longhand Over Laptop Note Taking. Psychological Science, 25(6), 1159-1168.

19. Raichle, M. E. (2015). The Brain's Default Mode Network. Annual Review of Neuroscience, 38, 433-447.

20. Wilson, T. D., et al. (2014). Just Think: The Challenges of the Disengaged Mind. Science, 345(6192), 75-77.

21. Lu, B., Nagappan, G., & Lu, Y. (2014). BDNF and Synaptic Plasticity, Cognitive Function, and Dysfunction. Handbook of Experimental Pharmacology, 220, 223-250.

22. Takeuchi, H., et al. (2011). Training of Working Memory Impacts Structural Connectivity. Journal of Neuroscience, 31(9), 3297-3303.

23. Draganski, B., et al. (2004). Neuroplasticity: Changes in Grey Matter Induced by Training. Nature, 427(6972), 311-312.

AI 시대, 우리는 인류 역사상 가장 강력한 '외부 뇌'를 손에 넣었지만, 역설적으로 우리 자신의 뇌는 점점 게을러지는 위기에 처해 있다. 정보를 단순히 '검색'하는 것이 지식을 '이해'하는 것과 동일하다는 착각은 우리를 통찰 없는 똑똑한 바보로 만들고 있다. 하지만 우리가 목격한 이 위기는 동시에 거대한 희망의 증거이기도 하다.

신경과학이 우리에게 준 가장 큰 선물인 '신경 가소성'은 우리 뇌가 언제든 다시 회복될 수 있음을 말해 준다. 미래의 비전은 기술을 거부하는 것이 아니라, 기술의 주인이 되어 '인지 주권'을 선포하는 데 있다. 정보의 단순 저장과 나열은 AI와 검색 엔진에 맡기되, 그 정보를 해석하고 연결하여 새로운 생명력을 불어넣는 통찰의 영역은 인간 고유의 몫으로 남겨야 한다.

앞으로 우리가 나아갈 길은 명확하다. 일상의 편리함 속에 의도적인 '인지적 마찰'을 배치하여 뇌를 기분 좋게 자극하는 것이다. 검색하기 전 1분만 스스로 생각하고, 가끔은 GPS를 끄고 낯선 길을 헤매며 해마를 깨우고, 종이책의 느린 호흡을 통해 깊은 사고의 회로를 다시 연결해야 한다.

우리가 오늘 선택한 이 작은 불편함들이 10년, 30년 후의 인지 비축분을 결정하며, 기술과 인간성이 조화를 이루는 '지혜로운 인간(Homo Sapiens)'으로서의 품격을 지켜 줄 것이다. 이제 기계에게 빌려주었던 뇌를 다시 찾아오자. 기계에게 빌려주었던 뇌를 다시 찾아오는 것은 노스탤지어가 아니라 미래를 위한 전략이다. 당신의 선택이 당신의 뇌를 바꾸고, 마침내 당신의 미래를 결정할 것이다.